U0257700

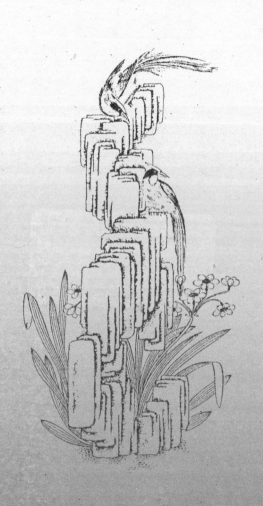

石 道

——奇石形式的创建与解析

吕耀文 著

上海大学出版社

图书在版编目（CIP）数据

石道：奇石形式的创建与解析 / 吕耀文著. —上海：上海大学
出版社，2013.10

ISBN 978-7-5671-0603-1

Ⅰ.①石… Ⅱ.①吕… Ⅲ.①石—文化—中国 Ⅳ.①TS933

中国版本图书馆CIP数据核字（2013）第029912号

责任编辑　柯国富
技术编辑　章 斐 金 鑫
装帧设计　谷夫平面设计

书　　名　石道——奇石形式的创建与解析
著　　者　吕耀文
出版发行　上海大学出版社
社　　址　上海市上大路99号
邮政编码　200444
网　　址　www.shangdapress.com
发行热线　021-66135112
出 版 人　郭纯生

印　　刷　上海华业装潢印刷厂
经　　销　各地新华书店
开　　本　889×1194　1/32
印　　张　8.5
字　　数　170千
版　　次　2013年10月第1版
印　　次　2013年10月第1次
印　　数　1～3100
国际书号　ISBN 978-7-5671-0603-1/TS・008
定　　价　38.00元

目 录

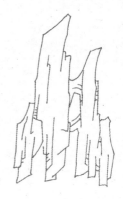

序一 我所认识的吕耀文先生

黄卫平

我与耀文相识，因缘于石道。我们的交往是从电话联系开始的。我是杂志的编辑者，他是杂志的撰稿人；他来稿，我看稿。为发稿，他会向我了解一些事宜；就文稿，我也会询问他一些问题，一来一往，便有了相识的机缘。

在杂志的撰稿人里，耀文的来稿是比较多的，均为赏石理论文章。其文理论基础扎实、逻辑思维缜密、思考问题宏观，有一定的深度，尤其是他能够将西方哲学、心理学和美学等理论与中国传统文化相结合进行理论阐述，很有独到之处。对此我印象深刻，平时也格外关注其文稿，当然也因此很想认识其人。但他在上海，我在柳州，相隔千里之外，所以平时只能以文相知，电话神交。这样的交往大约近两年。这期间，除了他来稿，有时我也会就某些论题特约他的文稿，甚至于就一些赏石理论问题与其电话探讨。尽管未直接交流，但从他的文章和与他的电话探讨中我还是感觉到他开阔的视野和为学的进取心。

那时，在心里我是一直想找个机会和他见个面的，总想看看他究竟是一个怎样的人，但因工作较忙一直也没有找到这样一个机会。一直到2008年10月，柳州举办"第五届国际奇石节"，作为奇石节赏石文化论坛的组织者，我邀请他参加本届论坛，才了却了与他见面的一桩心愿。

与耀文初次见面，让我有点意外的是，原来一直以为他是一位颇有点年纪的长者，未曾想到的是他其实并非我想象中那样的老学者。在我的经验里，赏石圈内从事文化理论研究的多为年纪较长的人，而且这样的学者也不多，像他这样年纪较轻对赏石理论研究感兴趣者就更少。我以为中国赏石文化尽管历史比较悠久，但从当代而言，其历史应该还属于比较短的。由于众所周知的原因，当代赏石文化的复兴严格来说只有二十余年，形成热潮也仅是近十来年的光景，对于奇石更多的人还是局限于以收藏赏玩为主，上升到文化层面并真正沉下心专于研究者就少而又少了，这也是目前中国赏石界存在的一个弱点。与耀文交谈，我了解到他其实是安徽人，在上海开了一家奇石馆，平素经营奇石，但对赏石理论研究很有兴趣，为此，他不仅研读了中国古代有关奇石文化的著作，还阅读了许多古今中外有关哲学、美学、心理学等书籍。他认为，赏石在中国文化历史中已经存在了近两千年，比较久远，相比于其他赏玩和收藏，应该说有其特殊性，因为它蕴涵着中国人对于自然、哲学、美学独特的认知和思考，然而遗憾的是古人留给后人有关于赏石的著作太少，而且更多的还是经验之谈，能够形成理论体系的基本没有。当代随着赏石文化的发展，有更多的学者开始关注赏石文化，他们从多角度多层次论述赏石，理论逐渐丰富起来，其中一些观点也比较深刻地影响了当代赏石文化的发展，但也存在着突破性的问题。作为一个赏石人，他希望自己能够为赏石文化的发展做一点力所能及的事情。这次见面，我深感于他对奇石的热爱，敬佩他对赏石的思考和执著精神，也加深了我对他的博览群书的印象。我觉得赏石文化今后要走得更远，在中国文化发展中能够占据一席重要之地，应该有更多这样的人参与进来。

随着认识时间长了，与耀文的友谊也逐渐深厚起来。有时，我因公途经上海，他来看我，也会给我介绍一些圈内的上海朋友，当然逢年过节相互问候也是免不了的。他也一如既往地向杂志供稿。尽管我们直接交往也还是不太多，但彼此之间已有了更多的了解。他为人诚实、敦厚、热情、谦虚、质朴，做事执著，勤奋好学。他曾告诉我，他想写一本关于赏石理论的书，把自己对于赏石的一些思考作比较系统的总结。彼时，我还以为他仅仅是说说而已。去年12月的一天，耀文先生来电告我他著述的《石道——奇石形式的创建与解析》书稿已完成，邀我为其书写点字。听此言我不禁想，耀文玩石赏石十余载，对赏石平时勤于思考、笔耕，今所著《石道——奇石形式的创建与解析》即将付梓出版，这无疑是其人生的一大成果,作为其朋友和石道同仁,应当由衷为其喜悦和祝贺。由此而感慨,这世间我们大家都是凡人,能成就大事者毕竟不多,更多的人注定碌碌终生而无所为,倘若一个人不拘于一生平凡,但能执于一事并终有所成,即便波澜不惊,亦当不失之于人生意义吧。

耀文是安徽人,我知道安徽在历史上出过许多非常杰出的人物,其中不乏曾经叱咤历史风云的人物。安徽还是著名灵璧石的故乡,奇石文化在安徽有着深厚的积淀和历史传承。"一方水土养一方人。"因此,耀文的爱石及其所表现出来的气质,其实是有他的乡土根基和文化气韵的。

2012年2月于柳州

黄卫平先生,《赏石》主编,中国著名赏石家,广西柳州历届国际石展的组织者与策划者。黄先生在不同的报刊上发表过很多篇有真知灼见的赏石论文。

序二

王贵生

目前，在我国的奇石收藏界，人们津津乐道的多是某个奇石展销会上奇石成交量多少万元；某地的某拍卖会上某块奇石又拍出了多少万元，等等。但是，人们却很少关注石文化，很少把奇石作为一个研究对象来探索它蕴涵着的文化价值、艺术价值与文物价值。至于把奇石有关的文化当作一个理论体系来研究的人那就更加少了。

吕耀文，安徽省灵璧县人。他强调石文化是一个完整的理论体系，并为之孜孜不倦地探索、研究。他历时4年（2008年至2011年）的研究成果《石道——奇石形式的创建与解析》就要出版了。作为同道中人，我深受鼓舞，欣然为之作序。

这本书的特点之一，是它的知识性。在本书中，作者分别介绍了国内著名的几十款不同的奇石，着重介绍了它们的产地、成分、特点、欣赏重点等。这些奇石小知识对于各地的石友来说，能够发挥普及的作用。同时，本书提出的许多新观点、新方法，也都是知识性很丰富的东西，读者可以重点留意。

这本书的特点之二，是它的趣味性。作者在建构奇石形式、解析奇石形式的同时，还重点鉴赏了奇石的趣味之所在，美之所在。同时，本书语言的趣味性也很足，能够吸引读者读下去。

这本书的特点之三，是它的可操作性。如何给奇石题名？如何给奇石配座？如何阐释奇石？如何展示奇石，使之充分发挥风水的调理功能？作者都给出了自己的答案，读者可以根据自己的实际情况，具体问题具体操作。

这本书的特点之四，是它的学术性，这也是它最突出的特点。本书作为"石道"理论体系，其功能是基础性的。作者提出了奇石形式这一全新概念，并创造性地将奇石形式划分为奇石外部形式、奇石内部形式与奇石辅助形式。更重要的是，作者又解析了这个形式，认为：奇石自身形式（他将奇石外部形式与奇石内部形式因素合起来称之为奇石自身形式）有三个基本特性，即神秘性、多义性与意向性。他认为：奇石自身形式里隐藏着两组六大规律，即在奇石古典形式（奇石具象形式与奇石意象形式）中存在着一组三大规律：天然律、中心律与形式律。在奇石现代形式（奇石抽象形式）中存在着一组三大规律：天然律、矛盾律与纯情律。他认为，"有"与"无"的关系是奇石自身形式里的最基本关系，这一对关系决定或影响着奇石自身形式中的其他关系。他认为，奇石自身形式里还有三大召唤力，即奇石"形"的召唤力、奇石"图"的召唤力、奇石"色"的召唤力。据此，作者提出了"中国奇石界的三大流派"这一新观点。紧接着，他解析了奇石自身形式这三大召唤力的三个源泉：简单性、动势与有机结构。当然，作者也在奇石题名、配座、阐释与展示等方面提出了自己的看法与建议。我认为，这些观点很有学术价值，可惜目前没有能够引起重视，但是，随着本书的出版，这些观点必将在赏石界引起共鸣。

令人欣喜的是，作者是安徽灵璧县人，他把多年来对灵璧石的研究成果作了一个总结，这对于喜欢灵璧石的石友来说，肯定是一个好消息。

我相信，这本书对于石农、石友、石商们来说是有意义的，同时，它对于注重石文化研究的人来说也是有意义的。当然，它对于赏石的人来说，也是一个不错的阅读文本。

2013年元月于上海

王贵生先生，著名古石鉴赏家，著作有《名胜古石》、《奇石纵横——中外观赏石收藏与鉴赏》等，《宝藏》、《赏石》等杂志编委。

序三

薛胜奎

好友吕耀文的新书《石道——奇石形式的创建与解析》即将出版，特发函来，嘱我为他的新书作序。笔者纵观全书，可谓构思宏大、论述清晰、推理明确。创建了奇石形式，奇石形式分为奇石外部形式、奇石内部形式与奇石辅助形式。解析了奇石形式的三大基本特性：神秘性、多义性、意向性，探讨了奇石形式里的两组六大规律，研究了奇石形式里的最基本关系：有与无的关系。发现了奇石自身形式的三大召唤力，并着力解析这三大召唤力的源泉，解析了奇石辅助形式的各个方面。

该书文理清楚，思维缜密，形式简洁。既形象概括，又层层渗透，由表及里。作者用现代审美基本元素来解读传统奇石，如同庖丁解牛一般游刃有余，读来让人耳目一新。

吕耀文先生来自安徽的灵璧石之乡，那里众多的人文景观，悠久灿烂的历史文化，造就了作者做事勤于思考、执著钻研的风格，也造就了他含蓄内敛、潇洒高逸的内心世界。他收藏的奇石，大多格调高雅，秀润婉丽，让人爱不释手。他也经常陶醉在读石、品石的感官愉悦、情感陶醉、精神自由的三重境界中，纵横驰骋，不亦乐乎。

与吕耀文先生相识数年，深为他的石品和人品所感动，也为他取得今天的成绩而自豪，作为老友，笔者期待他更多的精彩。

2013年元月于北京

薛胜奎先生，北京人，著名赏石家，收藏家，《宝藏》、《赏石》、《北京观赏石》等杂志编委，文章多发表于《赏石》、《宝藏》等国内著名的报刊上。

序四

徐忠根

　　近悉吕耀文先生写出一部《石道——奇石形式的创建与解析》的书，我拜读初稿后感到这是一部以艺术眼光欣赏奇石、用美学话语解读奇石的力作，他对奇石"无象之象"的独到领悟与自然形式的专业诠释，充分体现出他独具个性的审美能力。

　　吕耀文是国内资深的赏石家，待人诚恳，处事低调，性格就像石头一样"石来石去"。多年来，吕耀文潜心研究赏石艺术、赏石美学，在各类专业报纸、杂志上发表过许多颇有见解的文章。我对他的艺术思想、审美观点和赏石态度留下了极为深刻的印象，认定他是一位自觉结合赏石理论与赏石实践的鉴赏家。

　　吕耀文这部力作中运用一百多幅奇石图片，图文并茂，有理有据，解读出天塑地造之物的自然美构形特征和艺术意蕴。世界上一切美的事物总是以其独特形式吸引人的视觉，美是事物内容与形式的统一体。通过解析各种奇石外表形式，循序渐进，由浅入深，使读者感悟到奇石的自然形式不是孤立存在于石头之中，而是作用于人的思维与情感的载体，从而成为各种艺术符号或艺术意象的特殊语言。由于奇石自然形式的随意性，它的表达并非单靠审美直觉就能被破译，必需在主、客观照中由审美者运化的心智与波动的情感，才能从最初领悟形式内涵到进入"象外生象"、"象外生意"的艺术世界。从这层意义上讲，本书将是引导奇石爱好者涉足赏石美学领域的理想读物。

　　本书内容架构归纳为四个部分：第一，创建了奇石形式，即奇石外部形式、奇石的内部形式和奇石的辅助形式；第二，解析了奇石形式的三大特征，即神秘性、多义性和意向性，并探讨了奇石形式里的两组六大规律,研究了奇石形式里的基本关系;第三,发现了奇石自身形式里的三大召唤力,并着力解析其产生的源泉;第四,解析了奇石辅助形式的各个方面,即奇石命题、配座、阐释和展示。从该力作容量之繁多、插图之精彩、文字之详细等诸方面分析,作者确是抱着认真负责的态度进行编撰的。

本书从视觉美学入手,探索了奇石自然美多维多寓的变化形式,具有较强的学术性与逻辑性,通过把奇石的自然表征与美的形式概念结合起来,将原本被看作"无意味"的石头演化为"有意味"的艺术品,从感性直觉中体悟出美的存在与美的价值。由于作者始终抓住"形式"这一切入点,深入到美学领域里进行论述,因此对赏石生发出一种理性审美的哲学思辨,揭示出赏石可以发掘人的本质力量中所潜藏着的形式感悟力。

吕耀文在关于解析奇石辅助形式方面融入了具有人文倾向的内容,隐含了形式与反形式的辩证关系,这将有助于读者在解读奇石形式与艺术意蕴的同时,充分发挥自己的想象能力和创造能力,避免只注重形式的表达而忽视内涵的深化。只有当对奇石的命题、配座、阐释和展示达到和谐、完美境界时,才不完全依赖形式对视觉的诱惑,而是尽情释放人的生命精神能量,使赏石升华至充满创造欲望的审美境界。由此我想,这就是他撰写这上述内容所欲表达的愿望。

我衷心地期盼《石道——奇石形式的创建与解析》早日出版,并能成为广大奇石爱好者、收藏者们所喜爱的读物。预祝吕耀文在已取得现有学术成果的基础上,继续深入赏石美学研究领域,为推动中国赏石艺术发展奉献更多的研究成果。

2013年2月于北京

徐忠根先生,中国石文化理论探索者之一,《赏石》、《宝藏》等杂志编委,上海市物价委员会奇石价格评估师

前　言

在本书没有开始之前，有三个方面内容需要加以说明：一是笔者将研究奇石文化的书籍命名为"石道"的理由；二是笔者研究、阐释"石道"的目的；三是"石道"的研究对象与范围。

一、将研究奇石文化的书籍命名为"石道"的理由

主要因为"道"字极具东方文化色彩，它的神秘意蕴与奇石的神秘形式吻合。

（1）在道家看来，"道"是世界的本源，它是绝对的、无条件的。所以，《老子》说："有物混成，先天地生。寂兮寥兮，独立而不改，周行而不殆，可以为天地母。吾不知其名，强字之曰道，强为之名曰大。"而奇石的形式则是由于地壳运动、火山爆发等偶然因素形成的。因此，对于赏石主体来说，奇石的形式是独立的、绝对的，人们不可以按照自己的意图对它进行人为地更改，哪怕是一丝一毫，如图《儒》、《道》、《佛》。

（2）在道家看来，"道"创造天地万物。所以，《老子》说："道生一，一生二，二生三，三生万物。万物负阴而抱阳，冲气以为和。"《韩非子》也说："道者，万物之所以然也。""道者，万物之所以成也。"张岱年先生在《中国哲学史大纲》中对此曾予以阐释："一是浑然未分的统一体，二即天地，三即阴阳和和气，由阴阳与和气生出万物。由道乃有阴阳在相反相生而化成万物。"而奇石的形式世界本身就是一个"召唤结

《儒》 来宾卷纹石 13cm×15cm×9cm 张龙彪 藏

《道》 乌江石 22cm×9cm×22cm 吕耀文 藏

《佛》　沙漠漆　19cm×16cm×9cm　吕耀文 藏

构"，它不仅"自身散发光芒，自身展开想象"，而且，它还"由此展现出一个意义世界"①，如图《佛》，该石之所以被命名为《佛》，是因为它的形状仿佛是一座坐化为山的佛，从而召唤着赏石主体有此意识。

（3）在道家看来，"道"是无形的。《老子》说："'道'之为物，惟恍惟惚，惚兮恍兮，其中有象；恍兮惚兮，其中有物。"同时，在道家看来，"道"具有"有"与"无"的双重属性，"是有限和无限的统一，是混沌和差别的统一"②。所以，《老子》说："天下万物生于有，有生于无。""视之不见，名曰'夷'；听之不闻，名曰'希'；博之不得，名曰'微'。此三者不可致诘，故混而为一。其上不皦，其下不昧，绳绳兮不可名，复归于无物。是谓无状之状，无物之象，是谓恍惚。迎之不见其首，随之不见其后。"同样，对于赏石主体来说，奇石的形式也是有形与无形、有限与无限、混沌与差别的统一。如图《子孙万代图》，它呈椭圆形，是有形的，然而，对于赏石主体来说，它的形状不美，又是无形的。该石吸引人眼球的地方不是它的形，而是它表面的图案，其图案很少，似几根藤蔓，一个丝瓜，但它蕴涵的内容却是无限的，它让人想起齐白石

《子孙万代图》 长江石 18cm×11cm×29cm 吕耀文 藏

的画，让人想起那挂在墙上、架上植物的勃勃生机。

（4）在道家看来，"道"无意志目的。所以，《老子》说："道常无为而无不为。""故道生之，德蓄之，长之育之，亭之毒之，养之覆之。生而不有，为而不恃，长而不宰。是谓玄德。"在一般人看来，奇石本身也就是普普通通的石头，只是供人赏玩的，既无意志，更无目的。然而"大道无言"，它像东方文化的经典用语"道"一样，初看不过尔尔，其实，追根溯源，赏石主体对于奇石的许多理解都是与"道"有关的，包括奇石的配座、题名、阐释等。

由此可见，石道就是赏石主体通过体味奇石形式世界的真的形式、善的形式、美的形式，来自觉地改变人类千百年来所形成的人道（思想、观点、方法），使之符合天道。因此，将奇石的"三个世界"理论命名为"石道"，这样既能充分彰显奇石形式世界的千姿百态，又能展现赏石主体审美世界的变幻莫测，还能引导赏石主体去挖掘奇石象征世界的丰富意义。

二、笔者撰写"石道"的三个想法

第一个想法是，有关奇石的话题历史上有一些书籍，比如杜绾的《云林石谱》、赵希鹄的《洞天清禄集》、范成大的《太湖石志》、渔阳公的《渔阳石谱》、常懋的《宣和石谱》等。其中比较著名的是《云林石谱》，该书介绍了116个奇石品种，并对每个石种的产地、形状、特征、石色、采石方法、如何品评等，都作了详细记述。明清时期，有关奇石文化的书籍开始增多，其中比较著名的是：林有麟著《素园石谱》、高兆著《观石录》、毛奇龄著《后观石录》、诸九鼎著《石谱》。清末民初有：章鸿剑著《石雅》，张轮远著《万石斋灵岩·大理石谱》等，其中清末民初的张轮远先生提出的"形、质、色、纹"理念，对于今天的赏石者有很大的启发。

但是，这些石谱的内容也大多是介绍一些奇石的产地、构成、形状等一般常识性的知识，没有对奇石进行深入的研究。至于一些赏石理念的出现，也只是我国古代的先人们针对某些特殊形态的奇石，形成了一些相对理性的赏石观念而已。他们并没有对此进行深入的探讨和总结，没有形成一个完整的理论体系。它的内容必定是带有偶然性的，它所表达的最多只能算是个人主观的特殊心情。由此可见，我国古代的赏石者都是通过整体的方法来把握奇石形态的。他们认识到了奇石形态中的部分与整体的关系，看到了奇石形态中相互对立的两个方面的相辅相成，他们注重个体体验，比如奇石形态的意象、意境等。正是这种直观的整体式的方法契合了奇石形态的某些表现特征，因而使得古人对奇石是那么地迷恋，以至于纷纷拜倒在它的"石榴裙下"。但是，我们不能否认，古代的一些赏石理论还是比较粗糙的，在体系的建构上也不如西方的那些人文学科完整。因此，笔者想通过对奇石形式世界的梳理，抽象出其中最有价值的范式，总结出赏石审美的瞬间感受，获得奇石的"象外之象"，以便完整地把握石道中普遍存在的美学规律。当然，现代出版了很多的研究石文化方面的专著，比如王朝闻先生的《石道因缘》、李清斋先生的《石道漫步》等，这对于提高赏石水平是很有帮助的。

第二个想法是，通过赏石，笔者想重新唤醒人的主体意识，形成追求真、善、美的价值趋向。不可否认，当前的一些奇石展览，已经越来越流于形式，对奇石的尊重、对赏石大众的关怀、对赏石主体的依从已经变得越来越没有实际意义。交一点钱，就能成为观赏石协会的理事、副会长，甚至学习几天，就能得到观赏石鉴定师的头衔。当然，这和整个社会的浮躁风气有关。著名科学家钱学森屡屡发出世纪的提问："现在中国没有完全发展起来，一个重要原因是没有一所大学能够按照培养科学技术发明创造人才的模式去办学，没有自己独特的创新的东西，老是冒不出杰出人才。这是很大的问题。"笔者不敢建议，这个问题是不是和当代人的主体意识缺失有关？作为一种全新的生活方式，人的赏石审美化的生活方式是可以唤醒人的主体意识的。这种生活方式其实就是一种繁忙工作之后的一种休闲方式，它以奇石为观照、审美对象，通过"静、和、乐、悟"，从中获得愉悦，进入一种宽松、自由、忘我的境界。其中，"静"有三重含义：一是指赏石主体心地的清净无垢，二是指赏石周遭环境的寂静，三是指主客之间的无相无为。"和"有两重含义：一是指赏石主体之间和合相融、没有隔阂，二是指赏石主体与奇石之间的关系是平等对话的伙伴关系。"乐"则表示赏石主体所达到的赏石的三重快乐境界，即感官的愉悦、情感的陶醉以及精神的自由。"悟"是指赏石时的一种状态、境界。如果有了这种状态、境界，赏石者就不会在金钱至上的现实世界里迷失自我。人，一旦迷失自我，则是特别痛苦的："在这绝望和沮丧的致命时刻，叫我们往哪儿逃，往哪儿躲？只能到美的安全的洞穴里去，那里随时可以获得许多欢乐和少许陶醉。"③

第三个想法是，笔者阐释"石道"是想服务于不同的群体。一是献给那些在生活边缘挣扎的石农、石贩、石商（包括笔者自己），其本意是让他们多掌握一些奇石的范式，这样既可以解决他们的一些经济问题，又可以避免人为破坏石头的行为（因为有的人确实看不懂、或看不明白奇石的形式，而只是围绕着购买者的思维转。比如购买者大多喜欢瘦、漏、透、皱等形式的奇石，而现实中这样的奇石很少，于是，有的人就动起了加工的念头）。二是献给那些有一定审美趣味的赏石者，以便提高他们的赏石审美能力和趣味。三是献给那些赏石主体的，即石道中人，意在抛砖引玉。

三、"石道"的研究对象与范围

当代的赏石活动，一派繁荣。比如赏石展览此起彼伏，赏石报刊、书籍层出不穷，各级观赏石协会如雨后春笋纷纷成立。但是，这些繁荣并不能掩盖当代石文化研究中出现的一些问题。这些问题突出表现在对石文化研究对象的不明了或不深入上。有的人认为石文化的研究对象是观赏石，言必称"皱、瘦、漏、透"或"形、质、色、纹"，并对此喋喋不休。这样，石农、石贩、石商等赏石实践活动的大众，便缺乏足够的理论熏陶，他们仅凭借那八个字或本能的直觉，必然难有令人瞩目的创造。有的人认为石文化的研究对象是赏石主体的主观体验。因此，那些研究石文化的理论专家们便不去觅石、寻石、买石，从而与赏石实践活动脱节。他们的关于石文化的理论论述就不免空泛而无力，仿佛空中楼阁。有的人还认为，石文化的研究对象是科学发展观，甚至是配座等，这些都是不全面的。

对于一门系统的理论而言，其研究对象与范围是至关重要的。"石道"作为一门独立、科学、完整的理论体系，它的研究对象包括既相互联系又互相区别的三个世界，这就是：奇石形式世界，笔者称之为"第一世界"；赏石主体审美世界，笔者称之为"第二世界"；奇石象征世界，笔者称之为"第三世界"。这一提法，是笔者审慎提出的具有独创性的观点。

更需要说明的是，"石道"所研究的这"三个世界"不是没有边界的，而是有着严格的范围。具体介绍如下：

首先，研究的"第一世界"，其范围被严格限定在"奇石"领域内。大家知道，在中国目前的赏石界，"观赏石"的概念很宽泛。它大致包括三大类，即矿物、岩石、化石。其中："一，矿物类包括：①自然元素（自然金、自然铜、金刚石等）；②硫化物及其类似化合物（方铅矿、辰砂、雄黄、黄铁矿等）；③氧化物和氢氧化物（刚玉、锡石、水晶、针铁矿等）；④含氧盐（锆石、石榴石、电气石、方解石、孔雀石等）；⑤卤化物（萤石等）。二，岩石类包括：①造型石或形象石（太湖石、灵璧石、凤砺石、钟乳石等）；②画面石或图纹石（雨花石、菊花石、大理石、模树石等）；③色彩石（寿山石、巴林石、青田石、昌化石等）；④特异石或怪石（空心石、吸水石、浮石、响石等）；⑤混合石或杂居石（黄河石、长江石、戈壁石等）；⑥事件石（陨石、火山弹、熔岩等）；⑦纪念石（珠峰石、南极石、海底石等）。三，化石类包括：①古无脊椎动物（珊瑚、三叶虫、菊石、海百合等）；②古脊椎动物（鱼类、恐龙、鸟里、哺乳动物等）；③古植物（叠层石、羽叶植物、硅化木等）；④遗物化石（恐龙蛋等）；⑥遗迹化石（恐龙脚印、虫迹石等）。"④

由此可见，奇石，只是以上所介绍的"观赏石"之三大类中的极少一部分，即第二类岩石中的造形石（或形象石）、画面石（或图纹石）、混合石。

在对"第一世界"的研究中，之所以将研究的范围限定在"奇石"领域里，是因为只有天然形式的奇石才能给人以神秘感、惊喜感，才能与人们意识中的"道"相契合。为此，笔者特别重视对全国各地奇石天然与否的研究。同时，为了引导奇石文化的发展方向，拓展奇石文化的研究深度和广度，笔者独创性地提出了"中国奇石界的三大流派"这一观点，即"形"派，如图《儒》、图《佛》；"色"派，如《月光曲》⑤；"图"派，如图《道》、《子孙万代图》。不仅如此，笔者沿着这三大奇石流派的脉络，遵循从一般到具体的现代思维模式，试图探索出它们的经典范式，并挖掘这些经典范式里所蕴涵的传统文化与美学精神。

其次，"石道"所研究的"第二世界"，即赏石主体的审美世界，其研究范围被限定在三个狭窄的区域内：第一个区域是，赏石主体；第二个区域是，赏石主体对奇石的审美活动；第三个区域是，赏石主体创造奇石"象外之象"的能力。

最后，"石道"所研究的"第三世界"，其范围被严格限定奇石的"象外之象"上，即奇石的象征世界里。

《禧》　灵璧磬石　123cm×36cm×59cm　徐有龙　藏

①彭锋：《回归》，北京大学出版社2009年版。

②叶朗：《中国美学史大纲》，上海人民美术出版社2005年版。

③王尔德著：《道林·格雷的画像》，黑龙江人民出版社1984年版。

④王实主编：《中国观赏石全集》，中国广播电视出版社2009年版。

⑤柳州赏石协会编：《柳州名石大典》第二卷，广西美术出版社2008年版。

《光明顶》 沙漠漆　49cm×33cm×13cm　石新生 藏

《雪浪花》 风棱石　33cm×17cm×26cm　大龙 藏

《隶书"止"》　黄河石　23cm×20cm×9cm　蒋怀强　藏

《禄》　灵璧磬石　92cm×47cm×66cm　吕耀文　藏

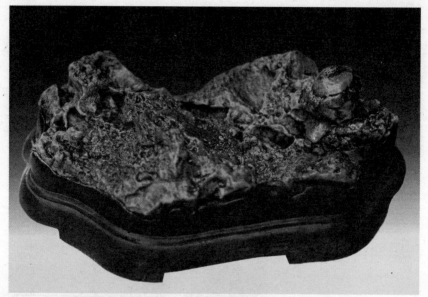

《敬亭山》 沙漠漆 16cm×9cm×3cm 孙福华 藏

《喜从天降》 灵璧图案石 27cm×11cm×23cm 吕耀文 藏

《青云朵》 玉质风棱石　　　　　　　《悟》 玛瑙
16cm×13cm×27cm　吕耀文 藏　　　9cm×7cm×19cm　裘红祥 藏

《三片云》 风棱石　22cm×12cm×12cm　吕耀文 藏

《长啸》 长江石
8cm×9cm×4cm 陆军 藏

《花好月圆》 葡萄玛瑙 12cm×6cm×9cm 吕耀文 藏

第一章 奇石形式的演化简史

文化人类学的伟大先驱、意大利哲学家维柯认为："凡是学说（或教义）都必须从它所处理的题材开始时开始。"①因此，研究"石道"，就要从研究奇石的形式开始，而研究奇石的形式，又要从远古时期人类把玩石头、收藏石头的最早历史时期开始。我国奇石形式的演化史可以分为三个时期，这就是神秘时期、理念时期、想象时期，这三个不同的时期分别是在不同的文化背景下产生的。在这三个不同的时期里，奇石的形式蕴涵着不同的美感、内涵及趣味。

第一节 奇石形式的神秘时期（先秦时期）

人类的文化创造从远古时期就开始了。两河流域目前发现的古文明距今已有六千多年，虽然古巴比伦现在已经消失，但其文明影响却流存至今。公元前四千多年开始的位于尼罗河流域的古埃及文明，是水力帝国的经典范例，其中，古埃及的诺姆是迄今所知世界上最早的文明。根据水下的最新发现，印度河、恒河流域的古印度文明史可能会上推到八千到九千年前，这很可能超过埃及。尽管印度遭受过无数次外族入侵，受到各种外来文化的冲击，但印度的文化始终有一条绵绵不断的主线——印度教文化。中国的远古文化更是丰富多彩，主要表现在以下四个方面：中华史前文明时期的"仰韶文化"（彩陶文化）、商代青铜器、周代《诗经》以及春秋战国时期的"百家争鸣"，这是中华世俗文化的发生阶段，也是中华审美意识的发生阶段。

在这样的文化背景下，我国的先人们从一开始就对石头的形状产生了某种敬畏的感觉，他们"以币求之"，"归而藏之"。据《阚子》载："宋之愚人，得燕石于悟台之东，归而藏之，以为大宝，周客闻而观焉"。这是我国有文字可查的收藏奇石的最早记录，距今约三千多年。今天，我们解读这段文字记载，可以得出两点看法：一是"归而藏之"的这块燕石，在那个宋人眼里肯定充满着神秘的意味；二是通过收藏一块无用的石头这样一件事情，可以说明这个"宋之愚人"是一个有另类眼光的人，而当时的大多数人都是一群世俗的人。另据《尚书•禹贡》记载，当时各地的贡品中有青州的"铅松怪石"和徐州的"泗滨浮磬"。后来，齐国的孟尝君在得知"泗水之滨多美石"（《枸橼篇》）后，即遣使者"以币求之"，分给诸庙使用。这类被先人们"归而藏之"的燕石，价值在哪里？这类上贡的"铅松怪石"，怪在何处？孟尝君"以币求之"的"泗水

图1-1 《火麒麟》 灵璧磬石 158cm×50cm×106cm 吕耀文 藏

之滨"的美石,又美在何方? 古代文献中没有详细的文字说明,今天的人们也无从知晓。但是,可以肯定的是: 这类没有人为加工的天公地母创造的"怪"石头,肯定是被当时的人们当作某种"神"的替身来供奉的。因此,笔者认为,在古人眼里,奇石的形式世界是一个神秘世界(见图1-1)。

事实上,世界各地的远古文化中,都流传着一些神话传说。这些神话传说有的被统治者加以利用,以加强自己的统治地位。比如古埃及的法老自称是"太阳神的儿子",古巴比伦的统治者汉谟拉比自称"月神的后裔",中国的皇帝称自己是天子。至于有关石头的神话传说更是流传广泛,比如我国古代的"精卫填海"、"女娲补天"、"石头节"等。其中,"精卫填海"是最有名、最感人的神话故事之一。世人都为炎帝小女儿被东海波涛吞噬后化成精卫鸟而叹息,更为精卫鸟衔运西山木石以填东海的顽强、执著而抛洒热泪。陶渊明诗曰:"精卫衔微木,将以填沧海。"精卫鸟已升华为中华民族顽强不屈的象征。

第二节 奇石形式的理念时期(秦至唐宋时期)

早在公元前6至7世纪,古希腊人就开始了对事物自身形式美的探索。其中,毕达哥拉斯学派提出了"数理形式"的概念,他们总结出的关于形式美的"黄金分割律",他们对于人体、雕刻、绘画和音乐比例关系的解说,都是关于事物"数理形式"的美学内容。柏拉图则赋予"形式"以"理式"的解说,他认为:"在世界万物之先、之上、之外,存在着一种精神范型——绝对理式('神'),绝对理式作为一种精神范型派生出世界万物。""'美的事物'之所以美,不在事物本身的线条、色彩和结构等等,而在于美的理式,即'美本身'。"亚里士多德又赋予形式以"四因"说,即"质料因"、"形式因"、"动力因"、"目的因"。这三种观点都是一元论,"即把美和艺术作为形式的统一体,形式是美和艺术之本质规定和存在方式"。古罗马时代的诗人贺拉斯坚持的是二元论,他提出了

"合理"与"合式"的形式概念。他"把美和艺术分解为'理'和'式'两个方面,只有两者的统一,既'合理'又'合式',才是真正的美和美的艺术。"②

与此同时,中华民族在观念文化层面,依然"缺乏超迈高卓、凌空蹈虚的情怀,这是整个中国古典文化的固有缺陷"③。但是,我国的古典文化毕竟还是得到了发展。秦汉时期,是我国古典文化的原创时期。唐宋时期,中华古典文化的民族性特征发展得更为典型、完备、精致。在我国古典文化的不同发展时期,奇石的形式世界越来越表达出一种个人的情感、理念,具有一种古典的美感。

一、秦汉魏晋时期

这一时期是中华古典文化的原创时期。其中:秦朝在器质文化(长城、兵马俑、阿房宫)和制度文化(郡县制基础上的大一统、书同文、车同轨、统一度量衡)等建设上有一种欣欣向荣的发达气象。汉朝是中华早期文明的集大成时代,思想上,"罢黜百家,独尊儒术";文学上,汉赋:"写物图貌,蔚似雕画";《史记》:"究天人之际,通古今之变,成一家之言";艺术上,画像砖:"以写实之笔传超迈飘逸之情,继楚骚之余风,续屈宋之流韵",特别是汉隶"其间架布局,其呼应、对比高度夸张,如'君'、'孔'、'子'等字有险劲之效、动态之美"④。

魏晋时期是中华古典审美全面自觉的时期。刘勰的《文心雕龙》,对文学活动作了全面的总结,它典型地体现了魏晋"文"的自觉;二王书法,一变汉魏的质朴书风,成就飘逸遒美的行书大观。但由于战乱连年,人们更多关心的是自己生命的价值,因此,魏晋士大夫们有了一种全新的"活"法:讲学论道—纵游山水—舞文弄墨,后代的文人莫不效仿。

在中华古典文化的原创时期,特别是在张扬的秦汉时期,人们已经不满足于仅仅去把玩某一块石头了,而是用多块石头来叠山造景,从而扩大了石头的"把玩"范围。秦始皇的"阿房宫"、汉代的"上林苑"、东汉大将军梁冀的"梁园"等,都点缀着大量的石头。南齐(公元五世纪后叶）时，《南齐·文惠太子列传》记载：文惠太子在建康营造"玄圃"时，其"楼、观、塔、宇，多聚异石，妙极山水"。魏晋时期及其以后，由于长期的连年战乱，人们更多关注的是个人的生命价值。在纵情山水时，有些人发现了人迹罕至处的奇石，南朝文学家江淹（444—505）在《郭弘农璞游仙》里说："嵃山多灵草，海滨饶奇石。"北魏地质学家郦道元则更是将奇石看成了人类自身的形象，开始有了具象意识，他在《水经注·江水》里说，在湖北宜都、建平两郡的交界处，"有五六峰参差互出，上有奇石，如二人像，攘袂相对。"由此可见，在秦汉、魏晋时期，人们主要是通过直观地、笼统地、整体地方法来把握某块奇石形态的，他们通常把某块石头孤立起来看，这样就形成了一种分解地、具体地、个别地、静观地赏石方式。这种赏石方式从实际的感觉出发，注重对经验材料的分析，从而提炼出一些具体的赏石理念。比如他们总结了石头形状的一些"异"、"奇"等的意象理念，同时，在这一时期里，人们还有了关于具象的理念。

二、唐朝时期

唐朝是中国古典文化发展的鼎盛时期，也是艺术创造全面繁荣的时代，主要表现在：诗，有四万八千九百余首，李白的浪漫主义诗歌，杜甫的现实主义诗歌，都是灿然壮观的景象。书法，楷有欧阳询、颜真卿，草有张旭、怀素，他们都是不可逾越的高峰。舞乐，规模宏大，盛况空前，"凡乐人、音声人、太常杂户弟子隶太常及鼓吹署，皆番上，总号音声人，至数万人"⑤。

在中华古典文化全面繁荣的高峰期，人们对奇石的情感开始发生了变化，据白居易在《太湖石记》中记载，牛僧孺对自己收藏在园林里的石头，"待之如宾友，亲之如贤哲，重之如宝玉，爱之如儿孙"。历史上有名的"牛李党争"中，牛党的首领是牛僧孺，李党的首领是李德裕，这次党争从它的酝酿到结束，约四十余年，是中国封建社会历史上一次有名的朋党之争。著名史学家陈寅恪先生认为：牛党代表进士出身的官僚，李党代表北朝以来山东士族出身的官僚。他们之间的分歧不仅是政见不同，也包括对礼法、门风等文化传统的态度之异。但是，他们对待奇石的挚爱情感却是一致的，这不能不说是一个关于奇石的另类解读。

三、两宋时期

若论政治、军事，宋朝则远远逊于汉唐，但是，这一时期却是中国古典文化自我深化、精致化的时代。主要表现在：理学，有程（程颢、程颐兄弟）朱（朱熹）理学，陆氏（陆九渊）心学，这些标志着中国古典哲学的成熟。词，更是宋代一道独特、亮丽的文艺风景线，苏轼、辛弃疾之豪放，李煜、秦观之婉约，都是后代文人争相学习的楷模。

同样，宋代的人们对待奇石的情感也毫不逊色于唐代。苏轼就写诗赞颂自己收藏的奇石，其中比较有名的是《咏怪石》、《仇池石》、《雪浪石》、《潘溪石》、《双石》、《秋咏石屏》、《壶中九华》等。宋徽宗赵佶，对自己收藏的一块"祥龙石"，更是亲笔予以绘图，并题跋描写："其势腾湧，若虬龙出为瑞应之状，奇容巧态，莫能具绝妙而言之也。"⑥至于米芾拜石的故事，那就更是家喻户晓了。值得注意的是，在这一时期里，人们把玩石头的趣味发生了明显的变化，开始喜欢形状"丑"的石头：苏轼在《题王晋卿画石》的诗里写道："丑石半蹲山下虎，长松倒卧水中龙"；范成大也在《嘲峡石》的序中写道："峡山江滨，乱石万状，极其丑怪，不可形容。"这些古代的文学大家，尚不能形容怪石怪在何处、丑石丑在哪里？可想而知，那些石头的形状是多么地奇特了。更为重要的是，米芾赋予了奇石以更多的

图1-2 《一线潮》 木化石　120cm×25cm×20cm　方乐胜 藏

内涵，他第一次用比较准确的字来形容好看的石头：皱、瘦、漏、透。这几个字从宋朝至今，一直被喜欢石头的人们咀嚼着，笔者相信，这几个字还会不断地被人们咀嚼下去。

　　总之，在中华古典文化发展、繁荣的背景下，我国古代的人们通过观察一些石头的形状而总结出了"怪"、"奇"、"丑"、"皱"、"瘦"、"透"、"漏"、"巧"等赏石理念，这说明当时人们已经具有了意象意识（见图1-2）。同时，他们还看到有些石头的形状，有的恰如"半蹲虎"，有的好像"水中龙"，有的仿佛是"奇"、"巧"的

图1-3　《天女散花》 灵璧石
31cm×29cm×78cm　许春海 藏

祥龙等，这些则说明当时的人们具有了具象意识（见图1-3）。当然，在这一时期里，最重要的还是我国古人提出的关于奇石的理念，比如"怪"、"奇"，比如"瘦"、"皱"、"透"、"漏"，比如"巧"等。这些赏石理念，对于后人赏石的启发，对于我们今天的"石道"研究都具有导向的作用。但是，这些赏石理念是在我国传统文化——经验系统内形成的，因而具有一定的局限性。大家知道，这个传统的文化——经验系统是从几千年的农耕——手工劳作中逐渐积累起来的，"它的轴心原理就是身体劳作的'生存意向性'与物的物性的'交互转让'"，"在这种'交互转让'中就有自由，有存在的真理。就其自由而言，它把'以神遇而不以目视'视为最高境界。就其有存在的真理而言，它不追求自在存在的物的真实——所谓'形似'，而是追求一种在'交互转让'中在让物是其所是的显现——所谓'神似'，'气韵生动'、'有机整体'，故而'自然'是它

的最高境界"⑦。因此,自然的神性和灵性是我国古人真正的审美底蕴。但令人扼腕的是,我国古代的先人们没有对这些赏石理念进行深入、具体、细致的描述与论证,比如为什么只有形状"怪"的石头,才值得珍藏?为什么只有形状"丑"的石头,形状"瘦"、"漏"、"透"、"皱"的石头,形状"奇"、"巧"的石头,才能给人以美感?因此,在后人看来,他们提出的一些赏石理念,与西方对美学的探究所形成的理论体系相比,就显得比较粗糙,缺乏系统性、完整性,他们没有在理论的建构上形成一门关于奇石的审美理论体系。

(元明清至民国时期)

近代以来,"形式"被界定为艺术的本体存在。同时,这一时期也是西方形式美学最繁荣、最辉煌的一个时期,其主要标志就是形式概念的多元化:俄国形式主义、英美新批评为代表的"语言形式"、结构主义文艺理论的"结构主义"、符号学美学的"符号形式"、神话原型批评的"原型"、格式塔美学的"格式塔"等。不仅如此,这一时期以培根为代表的经验派,以笛卡尔、莱布尼兹为代表的理性派,将人类的思维带入活跃期。后来,以康德、黑格尔为代表的古典哲学、美学的产生,更是将人类的思维带入了成熟期。他们将"经验派"和"理性派"这两大流派统一为"内容"与"形式",这就是:既重视事物美的形式,又重视其蕴涵的内容;既重视人的审美经验,又重视理性思维;既重视主观与客观的统一,又重视感性与理性的融合。

与此同时,中华古典文化却处于没落时期。元朝,由于游牧民族入主中原,文人地位一落千丈,但是,元曲等俗文化开始兴盛,关汉卿及其《窦娥冤》、《单刀会》等是其代表。明朝,是大雅大俗的时代。论其雅,则有王守仁创立的"阳明心学",文人士子谈学论道,兴味盎然;言其俗,妾与妓成为新兴风俗,如小说《金瓶梅》在叙事中夸耀色情,养花斗虫、堂会观戏成为新时尚。同时,《三国演义》、《水浒传》、《西游记》

等小说的出现，表明我国古典文学叙事艺术已经成熟。清朝，京剧、小说《红楼梦》、《四库全书》等成为一时的文化风景，特别是园林，引自然入人间，将生活享受与自然审美融为一体。故宫、颐和园等皇家园林气派宏大；苏州西园、无锡寄畅园、扬州倚虹园等私家园林有山水野趣。苏州留园里的"冠云峰"，不仅是留园的中心，更是园林石中最激动人心的代表。在这个大众文化日益占据重要地位的时期，奇石的形式并没有为当时的人们增添一些特别亮丽的风景。只是，清末民初的张轮远先生以雨花石为例，在《万石斋灵岩石谱》里，提出了"品评其文色，详论其形质，默究其源流"的赏石观点。由此看来，当时的人们在鉴赏奇石形式的"形"、"质"的同时，也开始欣赏奇石形式的"色"、"纹"了。

　　总之，在中华古典文化的没落时期，人们的想象力反而更加丰富。特别是《西游记》、《红楼梦》两部古典小说名著，都是以奇石作为想象物而展开的。同样，在这一时期，人们眼里的奇石形式，就是通过心灵这个内感观来直觉奇石的形状、形态，并融入了自己的思想情感而创造出来的"胸中之竹"，从而建构属于自己的想象世界。因此，在想象的奇石形式中，人们关于奇石形式的意识有两种，一种是跟奇石形式直接遭遇的意识，另一种是不跟奇石直接遭遇的意识。当人们直接面对一块具体的奇石时（见图1-4），他们不可能有一个内

图1-4 《吼》 沙漠漆 8cm×6cm×9cm 华熊德 藏

存于心灵之中的"虎的象",而只有关于虎的想象式的意识。因此,在法国哲学家萨特看来,想象是"一种预定去获得思想对象的魔咒,是我们想要的东西,以一种我们能够占有的方式显现"。他认为,在一般情况下,想象有三种形式:一是想象一个根本不存在的对象,如图1-1《火麒麟》。二是想象一个存在但缺席的对象,如图1-2《一线潮》。三是想象一种可能性,如图1-3《天女散花》。这三种想象的形式有一个共同的特征,即都是一种"非现实",是一种"虚无"。然而,在人们眼里的奇石形式世界,虽然也是一种"虚无"、"非现实",但它显然与萨特想象的"虚无"、"非现实"是不同的。人们用奇石的形式世界来点缀现实世界,比如用奇石造景、垒园等,因此,奇石的形式世界是服从现实世界的。

当代,我们面临的世界越来越被商品化,就连艺术世界,也不断地在被科学技术蚕食。威尔什认为:"目前全球正在进行一种全面的审美化进程。"据他观察:"从表面的现实装饰、享乐主义的文化系统、运用美学手段的经济策略到深层的以新材料技术改变的物质结构、通过大众传媒的虚拟化现实以及更深层的科学和认识论的审美化等等,整个社会从外到里、从软件到硬件,被全面审美化了。"因此,充斥在社会生活各个层面的审美化,无疑是一种缺乏个性的审美文化。没有个性的审美文化,必然沦为媚俗,其表现的审美趣味也必然是满足大众口味的。这样的一种美的平均值文化,"是通过社会调查,民意测验,计算机数据处理之后得到的","是一种以美的名义来绞杀个体的审美感悟力的文化"。既然如此,我们就必须摆脱这种"平均美"的追逐。

如何摆脱这种"平均美"的追逐?有没有一个突破口,它既是存有领域,又是标记领域?笔者以为,在奇石的形式世界里,有一个充满魅力的个性世界。这个世界既不是现代科学技术能够制作的世界,也不是人类可以模仿刻画的一个世界。一句话,它是真正属于我们自己的世界。同时,人类对于这个存有领域又是陌生的,这从笔者以上所述的奇石形式世界演化中可以清楚地得出结论,它既不是矿物学、地质学等科学文化,也不是文学、美学、哲学等社会文化,它实际是一种无根文化。彭锋认为，如今"无论在思想界还是艺术界，多元文化或者文化身份问题似乎已经不再时髦，或者已经令人疲惫。相反，越来越多的人感到我们需要一种去身份的文化。只有在去掉文化身份之后，我们才能更好地吸收不同文化的优秀成分，才能在跨文化美学家所展望的那种无根的文化的基础上创造一种全人类共享的崭新文化。"⑧

笔者展望，正是因为没有太多的文化背景，所以，奇石才可以超越民族的界限，打开人类的对话渠道，实现不同民族、不同文化之间的审美融合和交流。事实上，不仅仅是中华民族具有玩石、赏石传统，日本、韩国、泰国、新加坡等亚太国家的人们也喜欢收藏奇石，就连美国、加拿大等欧美国家的人们也喜欢收藏奇石。

其次，正是因为没有所谓条条框框的束缚，所以，赏石才可以轻装上阵，同时容纳不同民族的看法、立场和观念。事实上，人类在"奇石形式是否美？"这一评判问题上具有普遍的一致性。如果人类在赏石这一共同的审美反映基础上形成共识，那么，我们今天对于"石道"的探索就不是一种无益之举。

再次，正是奇石形式世界本身所蕴涵的神秘光辉在召唤着全人类，让人类与自然融合，让人类与生命的普遍法则融合，从而为人类的诗性自我打开一扇窗，以寻觅人类灵魂的审美本质。事实上，我们应该走科学的实证研究道路，"就是化宏观、抽象、主观的研究为微观、实证、客观的研究"，"深入到人类审美活动各要素、环节，做实实在在的专题研究"⑨。从而实现奇石形式世界与人类的和谐，即客观与主观统一，形式与内容统一，现实与历史统一。

奇石的形式，不是唯形式的"形式"，不是没有地基的空中楼阁，不是没有精神内容或精神意识的空壳。一石一世界，一人一天地。我们应该采用自然主义的方法，从探索奇石本身的物理性质开始，进而研究它本身存在的自然状态，最后总结它本身固有的审美规律。值得注意的是，由两块以上的奇石所形成的小品组合（见图1-5），如今受到了越来越多赏石者的喜爱。但是，由于它的形式控制在人的理念中，而无法保

图1-5 《和谐》 红碧玉、绿碧玉、玛瑙 11cm×6cm×5cm 方乐胜 藏

持自身的自然独立性，因此，笔者不予特别关注。

在创造"石道"的理论体系中，不同民族、不同国家的人们，要抛弃已有的文化身份，来共同"建构一种吸收所有文化中的优秀成分的、尊重人类基本感受的、具有国际风格的新文化"！

①维柯著，朱光潜译：《新科学》，人民文学出版社版1986年版。

②赵宪章等：《西方形式美学》，南京大学出版社2008年版。

③④薛富兴：《山水精神：中国美学史大纲》，南开大学出版社2009年版。

⑤《四部备要·新唐书》，中华书局1989年版。

⑥《中华奇石》2009年第10期，载文牲：《赵佶的艺术、艮岳和结局》。

⑦牛洪宝：《西方现代美学》，上海人民出版社2002年版。

⑧彭锋：《回归》，北京大学出版社2009年版。

⑨薛富兴：《山水精神》：中国美学史大纲》，南开大学出版社2009年版。

第二章 奇石形式的创建

　　通过对奇石形式演化史的简单回顾，我们可以得出结论，在我国古人眼里，还没有所谓的奇石形式，更没有形成所谓的奇石形式世界。他们提出的一些赏石看法，有的只是即兴评论，有的只是一种寄托、一种想象而已。为了对奇石形式和奇石形式世界进行深入地研究，笔者在本章以及下几章中，要将它暂时"封闭"起来，就像化学实验中需要将对象暂时封闭在试管里那样，暂时不考虑它与外部的联系，而是只研究它本身的特点及其规律，以便粗略地构建奇石形式以及奇石形式世界。

第一节　形式、美的形式以及形式美

　　研究奇石的形式，就不能不知晓形式的概念。众所周知，形式是指事物和现象的内容要素的组织构造和外在形式。当然形式及其内涵，是西方人发明并赋予的，它是关涉到美和艺术的本质或本体意义的概念，西方美学中的许多理论体系和学说，都是围绕着这一概念而展开的。

　　在西方美学家的眼里，形式与美又是密不可分的。早在古希腊时期，毕达哥拉斯学派就把事物和谐的形式当作美的形式；柏拉图则把美的颜色、形式当作"真正的快乐"来源；古罗马时期，西塞罗认为美在于各部分与全体的比例对称和悦目的颜色；贺拉斯则认为，既"合理"又"合式"，才是真正的美和美的艺术。因此，历代西方的美学家们都认为:"形式是美和艺术之本质规定和存在方式。"中世纪,"普罗提诺的新柏拉图主义强调了形式在美的产生过程中的作用,托马斯·阿奎那也认为美首先在于形式,他把完整、比例适当、鲜明视为美的三个要素。文艺复兴时期,达·芬奇等大师更是注重对形式美要素的探讨。不过对形式美研究真正深入的则是18世纪英国经验主义美学家们,如博克把物体美的品质归结为小巧、光滑、各部分有变化等几个方面,荷迦兹则归结为适宜、变化、一致、单纯、错杂和量等几个方面"。①

德国哲学家、美学家康德的"先验形式"、黑格尔的"内容"与"形式"等,都是对形式与美的新探索。20世纪以来,"形式"被界定为艺术的本体存在,涌现出了结构主义美学、分析美学以及格式塔美学等。西方美学家,如克莱夫·贝尔从一切视觉艺术都必须具有某种"共同的性质"观点出发,指出了"有意味的形式"的命题。鲁道夫·阿恩海姆对诉诸视觉的各种形式因素的审美性作了全面而令人信服的分析,他在《艺术与视知觉》中把美归结于某种"力的结构"。乔治·桑塔耶那把形式当作美的同义词,并对材料之美给予充分的估价。科林伍德清楚地看到形式与情感的紧密联系,认为特定的情感只能由特定的形式加以表现。恩斯特·卡西尔则宣称艺术是一种形式的创造,是符号化了的人类情感形式的创造。

当然,美的形式与形式美是不同的。首先,美的形式是美的存在和赖以表现的方式,"它总要与内容有机结合才成为美的事物,才具有审美属性和审美价值,而形式美本身就蕴涵着普泛的意义和意味,可以作为独立的审美对象而存在"②。其次,美的形式有很多种,比如作用于人类视觉的主要包括事物的形、色、线,作用于人类听觉的主要是事物的声音,作用于人类触觉的主要是事物的材质,作用于人类味觉的主要是事物的味道和气味。而形式美则是人类对形式的审美标准,常见的有整齐一律、多样与统一、对称与均衡、对比与调和、节奏与韵律、比例与尺度、秩序与和谐等。以上就是关于事物的形式、美的形式以及形式美的基本观点和学说,这些美学流派或美学家们对形式与美的探索和研究,对于拓展我们构建奇石的形式以及奇石的形式世界，无疑是大有裨益的。

第二节　奇石形式的审美属性

所谓奇石，就是石头以天然形式存在的审美客体。有些人可能会认为，包括奇石在内的自然界物体，它们的存在只是自然物质的存在，它们在人类产生之前就已经存在着，因此，它们不是客体。奇石确实是自然界中的一员，它的存在确实是自然物质的存在，而且，在人类产生之前，它确实是已经存在着了。但是，它与自然界中的其他事物是不同的，首先，奇石是以个体的方式存在着的。也就是说，人们通过给它配座等形式，将它"隔离"起来，便于人们观赏。所以，它既可以摆放在广场、园林、大厅之中，也可以供奉在客厅、书房、卧室之内，还可以让人拿在手里把玩。而自然界中的山水则不能如此放置。其次，奇石经过人们的配座以后，再给它题名，它就能够满足人类的某种精神需要，比如避邪、纳福、镇宅等，从而成为一种象征。但是，自然界中的一些花卉、草木等，则往往没有这些功能。最后，也是最主要的，奇石在经过人们给它配座、题名，赋予它某种象征意味，将它放置在合适的位置、场所展示以后，它的存在就是"属人的存在"。马克思将这种存在称之为"人化的自然界"或"人类学的自然界"，它就是"人的对象性活动中所指向的东西，即各种活动的对象"③，即客体。但是，一些生态景观、园林等，它们的人为痕迹太浓。因此，奇石是赏石者对应的一种天然的审美客体。

当然，赏石者所对应的奇石这个客体（见图2-1），不是一个一般的客体。人们为什么要上山、入海、走沙漠地去寻找它？为什么对待它像对待自己的儿女一样，细心清洗、精心配座、苦心题名？为什么要将它放在小桥流水的园林中、豪华的客厅里、幽雅的房间内？这是因为奇石这个客体具有某种审美属性，即它本身的色彩、光芒等所具有的使赏石者愉快的属性。赏石者总会不自觉地、情不自禁地被这类审美属

图2-1 《玉兔》 灵璧磬石 83cm×33cm×83cm 徐有龙 藏

性所吸引。因此，奇石"使人愉快"的、"为人而存在"的审美属性主要
表现在它整体的形状、本身的色彩所具有的意味上，以及它本身的纹
理等所形成的图案上。

第三节 奇石形式的划分依据

对于一般人来说，自然界中普普通通的石头存不存在审美价值
呢？加拿大美学家卡尔松明确地说："我主张全部自然世界都是美的，
按照这种观点，自然环境，就它未被人类触及或改变的意义来说，总体
上具有肯定的审美性质。例如它是优美的、精致的、浓郁的、统一的和
有序的，而不是冷漠的、迟钝的、平淡的、不连贯的和混乱无序的。简而
言之，所有未被人类玷污的自然，在本质上具有审美上的优势。对自然

界的恰当或正确的欣赏，在根本上
是肯定的，否定的审美判断是很少
有的或者完全没有。"因此，散落在
各地的毫不起眼的石头，它们在一
般人的眼里可能是毫无用处的（见
图2-2）。但是，作为自然界中少有
的、未被人类加工的物体，它们在另
外一些人眼里又是具有价值的，而
且肯定是具有审美性质的。

　　既然如此，石头美在哪里呢？清
末民初的张轮远先生，以雨花石为
例，在《万石斋灵岩石谱》里，提出
了"品评其文色，详论其形质，默究
其源流"的赏石观点。徐文强先生在

图2-2　《走西口》　新疆玉
7cm×11cm×2cm　孙福华 藏

《赏石配座与命题》一文中更是明确提出："要让奇石成为观赏石，欣
赏者首先要学会品石，理解大自然赋予奇石的固有特征，如瘦、皱、漏、
透、奇、秀、丑、趣等包容的形；石质、品相、包浆、皮壳等显示的质；优
雅、鲜艳、深沉、明亮等反映的色；以及各种石纹、石路、石径、石肌所
形成的纹。这些形、质、色、纹组合在一起体现出的是神韵，神韵是玩
石的一种境界。"

　　于是，对于赏石者来说，一块石头是不是奇石，关键就在于它的形、
质、色、纹，这是中国观赏石界目前的普遍看法。这种观点的正确是毫无
疑义的，但是，它很粗糙。笔者认为，一块石头是不是奇石，关键在于它
的天然形式。奇石的这种天然形式不仅仅只是形、质、色、纹那么简单，
而是有着很丰富的内涵。根据洛克的观点，对象不仅具有大小、数目等
不以环境的改变而改变的客观性质，即第一性质，而且，它还具有依存
于人的感知而存在的性质，如色彩、声音、味道等，这些性质具有可感
性，它们不同于第一性质，故称之为第二性质。西方经验派美学家鲍桑

图2-3 《金坡》 沙漠漆 46cm×6cm×16cm 孙福华 藏

葵和桑塔耶那认为,事物除了具有第一、第二性质外,还有情感性质,即第三性质。如图2-3《金坡》,石体上的金色,仿佛是太阳在跳动,使人感到愉快。因此,一块奇石的天然形式,肯定包括它的大小、形状等形体因素,还包括石体的色彩,石体表面的凹凸纹理、石筋,它的因敲弹而发出的声音,它的天然石体所发出的气味,以及需要科学技术手段才能探明的它的矿物构成等。不仅如此,奇石的这些天然形式还具有意义联觉性、内涵多义性、发展历时性以及理性象征性等。

对此,有的赏石者可能不以为然,一块石头,它哪里有这么多的"道道"呢?其实,衡量形式的存在与否,有两个基本的前提条件,那就是:"1.承认在普遍性范畴和特殊性范畴之间存在着无法消弭的差异;2.承认在主体所确立的规则和客观对象之间存在着难以勾销的矛盾。"④根据形式存在的这两个基本的前提条件,笔者认为,奇石形式是客观存在的,不是可有可无的。奇石的这些天然形式不仅具有形象表现性,而且还具有意义的可追问性。

第四节　奇石形式的创建

奇石的第一种性质，即它的大小、数目等，这可以称之为奇石的外部形式。奇石的第二种性质，如它的色彩、声音、味道等，可称之为奇石的内部形式。奇石配座、题名、阐释、演示，这些都是人类赋予奇石的，也是奇石本身必不可少的，笔者将它们称之为奇石的辅助形式。奇石外部形式以及它的内部形式，都是一种自然形式，这些形式是感性的存在，能够直接作用于人的各种感觉器官，引起人的不同反应。

一、奇石外部形式

简称"形"。奇石的外部形式，可作用于人的视觉器官。白居易说："三山五岳，万壑千洞，尽在其中；百仞一拳，千里一瞬，坐而得之。"由曲线构成的奇石形体，柔和完美，如图2-1《玉兔》；由直线构成的奇石形体，刚劲理性，如图2-2《走西口》；由正三角线构成的奇石形体有稳定感，而由倒三角线构成的奇石形体则有运动感（见图2-4）。不仅如此，奇石的形体是由天地精气凝结而成的，《论石》中说它们："或岩窦透漏，或峰岭层峻，其类不一；至有物象宛然，得于仿佛，虽一峰之多，而能蕴千岩之秀。"（见图2-5）当然，在此强调的奇石外部形式指的是奇石的外观形状，而不是指别的。

二、奇石内部形式

简称"点、纹、筋、色、声、质、味"。奇石的这些内部形式因素，分别作用于人的不同感觉器官。其中，作用于人的视觉器官的形式因素有奇石的点、纹、筋、色；作用于人的听觉器官的形式因素有奇石的

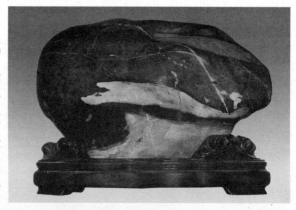

图2-4　《跨越》　乌江石　38cm×13cm×29cm　吕耀文 藏

图2-5 《峨眉黛色》 风棱石 25cm×13cm×19cm 姚同庆 藏

声音；作用于人的触觉器官的形式因素有奇石的质地；作用于人的味觉器官和嗅觉器官的形式因素有奇石的气味。

1.点

奇石内部形式因素"点"有两种，一种是凹进石肤表面的小坑，比如灵璧磬石表面的"弹子窝"、"宝剑痕"等。奇石的这些凹进石肤表面的"点"与"纹"，在经过人的抚摸后，仿佛是中国山水画中的皴法存的痕迹。这种皴法是我国古代画家在艺术实践中，根据各种山石的不同地质结构和树木的表皮状态，加以概括而创造出来的表现程式。皴法的种类是以各自的形状而命名的。清·郑绩在《梦幻居画学简明·论皴》中曰："古人写山水皴分十六家。曰披麻，曰云头，曰芝麻，曰乱麻，曰折带，曰马牙，曰斧劈，曰雨点，曰弹涡，曰骷髅，曰矾头，曰荷叶，曰牛毛，曰解索，曰鬼皮，曰乱柴。"奇石内部形式因素"点"的另一种形式是"珍珠"（见图2-6），灵璧珍珠石、来宾珍珠石等奇石上，"珍珠"凸出石肤表面，形状不同，有点状、挑状、斑状、块状以及斑簇状等；颜色各异，有黑色、红色、黄色等。

2.纹

我国著名的纹石有灵璧纹石、来宾纹石等。①奇石的"纹"从质地上划分，可以有同质纹和异质纹两种：同质纹，就是石纹部分的石

图2-6　《天马》　灵璧珍珠石　36cm×11cm×41cm　吕耀文 藏

质与整个石体的石质是相同的，如图2-1《玉兔》上的石纹就属于同质纹；异质纹，就是石纹部分的石质与整个石体的石质不相同。②奇石的"纹"从形态上看，大多是凹进石肤的，主要有直线石纹、曲线石纹和折线石纹三个种类，而不存在所谓的凸纹、平纹。③奇石的"纹"从颜色上看，可以有多种，其中，同质纹都是同色纹，而异质纹多是异色纹或多色纹。④奇石的"纹"从形状上来看，千变万化。比如灵璧纹石，著名的石纹有：龟甲纹、蝴蝶纹、核桃纹、凤凰纹、猫头纹、汉字纹、竹叶纹、树叶纹、脉波纹、印花纹、水波纹、鸡爪纹、斑马纹、金钱纹、螺旋纹、木纹、井田纹、绳纹、丝线纹、树皮纹等。在灵璧纹石的产地，口口相传的石纹就有12种。

奇石的"纹"，由于其形状的不同，而给人以不一样的感觉。那些比较直的石纹，它们能够给人以力量、稳定、刚强的感觉；那些比较弯曲的石纹，则能够给人以柔和、运动的感觉；而那些具象的石纹、抽象的石纹，又能够给人以很多的想象空间。同时，奇石的"纹"，由于是凹进石肤的，因而予人一种雕刻的感觉，清晰、明朗而且醒目。不仅如此，奇石的这些不同形式的"纹"，经过人手的抚摸、滋润后，显现出一种肌理美、力度美、韵律美，因而极具魅力。

3.筋

奇石的"筋"，就是石英，它深入石肌里，微微凸于石肤表面。石筋的颜色大多是白色，如台湾南田图案石的石筋、灵璧图案石的石筋等。另外，有的石筋是褐色，如灵璧图案石的石筋；有的石筋是黄色，如三江金纹石的石筋。这些石筋的形状、走向等审美价值，以及给人所带来的感觉、情趣、意味等都与石纹有些相似。

4.色

首先，奇石的石色有很多。有的是灰色、黑色，如灵璧磬石；有的是红色、黄色，如大化石、沙漠漆；有的是绿色、蓝色，如乌江石等。其次，奇石的不同石色，能够给人带来不同的情绪。比如那些红和接近红的石色，被人们称为暖色调；而蓝和接近蓝的石色被人们称之为冷色调。人们在研究中发现，黄色、橙色、红色能够给人一种积极的、有生命力的和努力进取的态度，而蓝色、青色、紫色则表现一种不安的、温柔的和向往的情绪。再次，不同的石色具有不同的象征性，比如在古埃及，黄与金是阳光之色，象征太阳（神）；绿是自然之色，象征永生；紫是土地之色，象征大地；粉红、绿、淡红等，表示审判的神圣。当然，石色的形成，多是由于其他矿物浸染的原因。如赏石者都喜欢的沙漠漆奇石，它们的表面仿佛是老虎皮一样颜色的"漆"，并不是人们日常所用的油漆。在西北沙漠里，由于高温，某些地区的地下水里含有的氧化锰、氧化铁等溶液，便向上扩散、熏蒸，从而使得地表上的风棱石浸染上一层"薄膜"，再加上风沙的自然抛光，这层"薄膜"就好像是人们在风棱石的表面喷涂上了一层"漆"。当水中的氧化锰居多时，沙漠漆的"漆"色就呈现典型的黑色；当水中的氧化铁居多时，沙漠漆比较厚的地方，其"漆"的色彩就呈现褐色，而沙漠漆比较薄的地方，其"漆"的色彩为橙黄色或棕黄色。这些沙漠漆的色泽，有的犹如和田玉的籽料皮色，有的仿佛是古玉的沁色，令人心旷神怡、爱不释手。

5.声

奇石的声音，以灵璧磬石为最好。灵璧磬石所发出的磬声，清脆、悠扬，余音缭绕，仿佛"天籁"。实际上，奇石的声音是一种物理波，它的大小、强弱及其在时间中的延续变化，会影响人的生理、心理机制。同时，奇石的声音还具有表情性，能够引起人们不同的情绪反应。不仅如此，奇石的声音还传达着不同的信息。比如庄子就认为，人籁是道体现在人身上的信息，地籁是道体现在地上的信息，天籁是道本身的信息。

6.质

奇石的"质"，主要是指奇石的物质组成、结构以及石体的表面特征。在一般情况下，含硅质、铁硅质的奇石，其石质坚硬而细腻，比如大化石、彩陶石、来宾石等；含钙质、钙镁质的奇石，其石质偏软、性脆，比如太湖石等。同时，奇石的形态构造也具有一定的规律性。"①岩石结构细密者，其岩面光滑而细腻，如粉砂岩、泥晶灰岩、硅质岩等。②岩石结构为粗粒者，其岩面必然较粗糙，如花岗岩、粗晶白云岩、粗砂岩等。③构造均匀的块状岩石易于形成等轴状的碎块或卵石，层理构造、片理构造发育的岩石往往各层成分有差异，则易于形成板片状的碎块或卵石。④裂隙构造发育的岩石，当裂隙未被矿物质充填时，易于破碎成板状、条状及不规则状的岩块和卵石。"⑤由此可见，由于石质的不同，奇石的表面便给人以粗糙与细腻、柔软与坚硬等不同感觉。同时，奇石由于其质地坚硬而能够给人以不同的启示。清代学者赵尔丰愿拜之为师，结为友朋："石体坚贞，不以柔媚悦人，孤高介节，君子也，吾将以为师；石性沉静，不随波逐流，然叩之温润、纯粹，良士也，吾乐与为友。"

7.味

这里主要指的是奇石的气味。奇石的不同气味具有不同的审美意义，令人愉快的奇石气味能够使人产生美的感觉。比如尚未整理的灵璧磬石，其石体里散发着远古的气息，给人以亲切感。清理后的灵璧磬石，则有赏石者的体味，给人以亲近感。但是，上过蜡、抹过鞋油的灵璧磬石，其气味则是人们所不喜欢的。同时，奇石的气味还能引起赏石者的无尽想象，让人欲罢不能、欲说还休。

奇石形式里蕴涵着的某种韵味、意味和情感，实际上是奇石的各种形式所营造出的一种氛围，这种氛围有以下四个特征：神秘性、模糊性、独特性和不可接近性。

三、奇石辅助形式

奇石的石座、题名、阐释以及演示这四个方面是奇石形式的有机组成部分，离开它们，奇石的形式就不是完整的、有机的形式。同时，奇石的这四种形式是人为赋予的形式，因此称之为奇石的辅助形式。至于奇石石座、奇石题名以及奇石演示等方面的内容，笔者将在以后章节进行探讨。当然，在这里需要特别强调的是，奇石的辅助形式只能居于次要地位，起着陪衬、烘托、渲染奇石的作用，夸大辅助形式的作用或提高其审美价值的行为都是不妥当的。

第五节　关于奇石形式的三个问题

在目前的国际、国内赏石界，探讨赏石主体如何赏石的内容比较多，而研究奇石形式的人则比较少。因此，笔者就奇石形式的有关问题，重点强调以下三个方面：

第一个问题是，奇石的形式是独立的。形式，对于东方民族的传统审美来说很少具有独立自足的意义，它多是为思想、情感等内容服务的，或者说只是内容的附庸和手段。但是，奇石形式则不然，它是奇石之所以为奇石的自身存在方式，它是不以人们的意志为转移的。所以，所谓的"雅石创作"一说可以休矣！"创作"，不过是赏石者根据奇石的形式而选择最佳的摆放角度而已，而不是真正意义上的创作。至于赏石者在赏玩活动中的审石、度势、取材、立意、命名、台座设计、布局演示等，都必须根据奇石形式，按照形式规律来进行审石，而不能凭空想象、捏造。

第二个问题是，奇石形式是变化的、运动的，而不是静止的。这就是说，奇石形式里蕴涵的意义，具有暗示性。这种暗示性会随着时代的变迁、文化环境的迥异，而呈现出千变万化的特点。同时，这种暗示性还会随着赏石主体的审美习惯、人生阅历、文化修养等不同，而具有见仁见智的特点。因此，奇石形式的变化引起了其意义的不断变化。

奇石形式与意义的这种非确定性可以充分说明，"一件深奥的艺术作品意味隽永无穷，非人力所能概说；它与时俱进，屡有新意——对于我们今生如此，对于我们身后各代人亦如此。"[6]

第三个问题是，奇石形式是有规律的。奇石形式不仅是独立的，而且是运动的、变化的。更重要的是，在看似混乱的奇石形式里，隐藏着不为人知的规律，笔者将在以后章节里予以探讨。

　　总之,奇石形式有三种,即奇石自身的外部形式和内部形式以及人类赋予它的辅助形式。奇石的这三种形式都是个性形式,亚里士多德所谓的"事物常凭其形式取名,而不凭其物质原料取名",讲的就是这个道理。在奇石的这三种形式中,奇石外部形式或奇石内部形式都能形成独立的奇石形式世界。而奇石的辅助形式,如奇石配座,只能起着"隔离"的作用,起着陪衬、烘托、渲染的作用。至于奇石的其他三种辅助形式,如奇石题名、奇石阐释以及奇石演示,那是赏石者对奇石形式的主题、意义、思想、精神、理念等的挖掘与理解。

　　"每当我们自觉对其理解日益深入时,它们总能让我们明白事情远非如此。我们举目四望,却总看不到参透它们的那一天。它们里面燃烧着永恒的生命之火,永不熄灭。"⑦

①②陈大柔:《美的张力》,商务印书馆2009年版。

③王旭晓:《美学通论》,首都师范大学出版社2000年版。

④赵宪章等:《西方形式美学》,南京大学出版社2008年版。

⑤张家志:《柳州赏石》。

⑥罗伯特·威尔金森著,邓文华译:《东方和西方:"深奥"之概念》。

⑦瓦肯罗多尔:《忏悔与爱好艺术的修士的心灵》。

第三章 奇石自身形式的特性

在第二章里，阐述了奇石的三种形式，这就是：奇石外部形式、奇石内部形式以及奇石辅助形式。奇石外部形式与内部形式，因为它们都是天然的，即石形、点（珍珠）、纹、筋（石英脉）、色、声、质、味等纯粹是大自然创造的，所以，奇石的这两种形式可以称之为奇石自身形式。那么，奇石有哪些基本特性呢？奇石的三个基本特性是神秘性、多义性与意向性。

著名美学家王朝闻先生曾因为自己欠缺地质学方面的知识而对赏石留下了许多遗憾。他在《石道因缘》中说：在观赏奇石时"我的直觉、幻觉和错觉使我惊讶和惊喜。但是理性告诉我，这不过是缺乏地质学知识对我的惩罚。"他还说："如果观石者缺乏审美心理学知识，他在赏石活动中遇到的阻力，恐怕与缺乏地质学知识差不了多少。"因此，知晓奇石自身形式的物质构成，了解奇石自身形式的形成原因，掌握一些关于奇石方面的地质学知识，这对于赏石是必要的。然而，任何事情都是具有两面性的，如果有了地质学知识，我们会不会由少见多怪变成见怪不怪，感到审美过程平淡了呢？一些地质学家对于奇石方面的地质学知识是丰富的，然而，奇石的一些奇特形状、奇异色彩、玄妙图案等，对他们来说还有没有神秘性可言呢？

正是因为奇石自身形式里有着神秘性，有着为人类所不可知、不可理解的存在，所以，它才具有吸引人的无穷魔力。关于神秘，唐朝李峤在《百寮贺瑞石表》中认为：它"或词隐密微，或气藏谶纬；莫究天人之际，罕甄神秘之心。"苏菲认为，神秘性的本质是非理性。因此，奇石自身形式的神秘性首先表现在它自身形式上的东西能够让人看得见，这些让人看得见的东西对于观赏者而言仍然具有未知的或不可知的秘密，这是它的一种外在的神秘。如图3-1《甲骨文》，墨绿的奇石表面，有着短促的白色石纹，它像什么？是文字吗？是天公地母在表达对世界、自然现象的理解吗？王朝闻先生在看到一些奇石上的石纹时，也产生过神秘的感受，他说："当我发现原来注意到的一根线条突然消失无踪，另外的一根线条意外地出现在空白之处时，令人感到'天工'的'创作构思'，比人为的艺术创造更神秘难测。"①

同时，奇石自身形式的神秘性更表现在它那让人看得见的形式

里面还隐藏着某种看不见的东西，这些看不见的、隐藏的某种东西对于观赏者而言则是真正的、内在的神秘，这是奇石所独有的。图3-1《甲骨文》中那些由白色石筋（石英脉）所构成的一个个图案，观赏者是看得见的，但是，这些图案里面隐藏着很多内在的东西，这里面也许包含着各种具象、意象、抽象、象征等意义。对此，我们能够理解一些，有的也多少能够猜

图3-1 《甲骨文》 黄河冰花石
22cm×20cm×11cm 吕耀文 藏

到一些，然而，对于其中的很多方面，我们仍然朦朦胧胧，难明其义。因此，奇石自身形式里隐藏着的这些现象，仍有许多神秘难解之处，而这正是其神秘性之所在，需要中外赏石理论家们继续深入地研究。当然，当代发现的很多奇石，如《小鸡出壳》、《神龙驮蟾，纵横天下》、《重上井冈山》等，它们自身形式的其审美价值很高，拥有鲜活的艺术生命力。

由此可见，奇石自身形式的神秘性缘于它自身形式的天然性，这种天然形式是当代的科学技术无法复制的。同时，奇石这种天然艺术品的神秘性要远远大于其他艺术品的神秘性。我们如果以之为话题，对其性质、形态、结构、特征、类别、范型、隐喻、象征等方方面面作深入的研究，进而形成独特的理论体系，这无疑是一件有意义的事情。

图3-2　《有凤来仪》　灵璧磬石
39cm×38cm×121cm　沈叶凤 藏

奇石自身形式的复杂性形成了其第二个基本特性：多义性。奇石自身形式的多义性，指的是奇石可以给观赏者带来不同的解读、阐释，而这些不同的解读、阐释却不存在谁是正确的，谁是错误的。同时，这些不同的解读、阐释都能够给不同的观赏者带来惊喜、愉悦、陶醉。

多义性首先表现在同一个奇石的整体上，由于摆放方向和位置的不同，而具有不同的能指与所指：①同一个奇石整体，由于其摆放位置的不同，它外部形式的起伏、凹凸、空洞等能够形成不同的物象形态，展现不同的召唤结构，表现不同的内涵、神韵、意境和意义。如灵璧磬石《有凤来仪》（见图3-2），观赏者如果从左前方观赏该石，它的形态仿佛是站立着的凤凰在往远处观望，它的翅膀收拢、凤尾卷起，优雅而高贵，好像在盼望着知音的到来。观赏者如果从正面观赏该石，它的形态仿佛是正在亲热的母与子，如果从右前方观赏该石，它的形象则又不一样了。②同一个奇石整体，由于其摆放位置的不同，它自身的内部形式因素，即点（珍珠）、纹（石的纹理）、筋（石英脉）、色（石色）等，能够形成不同的图案，这些不同的图案具有不同的能指与所指。

图3-3 《独来独往》 灵璧石
158cm×61cm×196cm 吕耀文 藏

其次，奇石自身形式的多义性还表现在：同一个奇石整体上的不同石体的外部形式或内部形式因素，它们各自包含不同的意义，这些不同的意义能够共同表现一个意义：①同一个奇石整体上的不同石体的外部形式，它们能够共同表达一个主题，表现一个意义。如灵璧石《独来独往》（见图3-3），该石的上部形态，即主体为正在嘶鸣的马首，而其下部形态仿佛是翻滚的云团，它们衬托出独来独往的天马形象。当然，奇石自身的外部形式，它不能够像雕塑那样任由雕塑家来选择最富有表现力的表情和动作来表现一个主题。它的材质也不能像雕塑那样，任由雕塑家来选择与表现主题内容相吻合的材料。相反，奇石外部形式的形成纯属偶然，比如灵璧石，它在长达数亿年的地质变动中，"石在土中，随其大小，具体而生。"②因此，奇石个体外部形式的形成过程特别不适合再现人物之间、事物之间以及人物与环境之间的复杂关系。②同一个奇石整体上的不同石体的内部形式因素，即点（珍珠）、纹（石的纹理）、筋（石英脉）、色（石色）等，它们的具有差异性的内部形式因素，能够使赏石者从其图案中，联想出它们的关系、前因后果等，从而能够共同表达一个主题。

图3-4　《灰姑娘的故事》　戈壁石　　26cm×9cm　　吕耀文　藏

③当然，不同的奇石个体，必然包含着不同的意义，但由于观赏者的排列、组合，它们也能够共同表现一个主题。如戈壁石《灰姑娘的故事》（见图3-4），两块奇石一个矮，一个高；一是金黄色的沙漠漆，一是灰色的风棱石；一个施礼、恳求状，一个侧身、回首状。如果将它们分开展示，它们当然具有不同的意义，现在，将它们共同摆放在一个展示台上，它们则共同表现出一个主题，即人类永远在演绎着的爱的主题。

最后，奇石自身形式的多义性更表现在同一个奇石整体上的不同石体的外部形式或内部形式因素，它们表达不同的主题、表现不同的意义。奇石的这个多义性是存在的，相信每个奇石爱好者都体会过这种多义性。

由此可见，奇石自身形式的多义性缘于它自身天然形式的复杂性，这种复杂性是人类的智力所永远无法穷尽的。不过，有的赏石者可能不会这样认为，在他们的眼里，奇石自身形式的多义性不过是表意之象、意中之象、创意之象，是意与象的组合，是赏石主体对奇石自身天然形式的"改造"和"加工"。持这种观点的这些赏石者，他们缺乏对奇石自身形式的敬畏之心。当然，他们对于奇石自身形式多义性的鉴赏、理解也多半是盲人摸象。正是因为奇石自身形式是丰富而复杂的、具有多义性的，所以，它才能够撩拨着观赏者内心深处的情感之弦，演绎出无数个痴迷奇石的故事！

意向性，这一概念最早出现在中世纪哲学典籍中。布伦坦诺把它"规定为心理现象区别于物理现象的独有特征"，认为它是"指有一种特殊的内在对象出现在心灵面前，如相信、害怕等意向状态，就是心灵与它面前的对象发生了特定的关系。"胡塞尔认为："意向性就是'对'（of）……的意识，这里的'对'就是一种关系属性，即一物关联、指向另一物的属性，通过一种向外的运动，到达它之外的某物，因此意向性就是一种自我超越性。"根据《纯粹现象学通论》法译者利科的看法，胡塞尔有三种意向性概念，"一是心理学的意向性，它相当于感受性，二是由意向作用和意向对象的相互关系制约的意向性，三是真正构成性的意向性，它是生产性的、创造性的"。由此，高新民认为，意向性"就是一事物能涉及、表现、关于、指向它之外的事物的性质和特征，类似于镜子能照物的性质，但复杂程度要高得多。这主要体现在：作为意向性的性质不仅有指向性，同时还有目标性、自觉的相关性或觉知性或自意识性。"③由此可见，在西方传统哲学中，意向性是专为人类所设置的，即只有人类才具有意向性，它是人类心理现象的标志。

但是，在西方另外的一部分哲学家之中，他们并不承认意向性是心理现象的标志，而是认为："意向性是许多事物共有的一个特征。"德雷斯基就认为：意向性"是一种自然的属性，一种携带着关于别的事物的信息的属性和状态。""它是我们的物理世界的一个常见的方面。当你看到云彩、烟、树、影子、印迹、光、声、压力和无数别的携带着关于世界的别的部分怎样被构成的信息时，它就存在于那里。"

由此，笔者认为，意向性也广泛地存在于奇石自身形式之中，是奇石

图3-5 《千山万水》 风棱石 23cm×16cm×15cm 宋长生 藏

自身形式的第三个基本特性。奇石自身形式的意向性包括三个方面的内容：其一，它自身形式具有指向性；其二，它自身形式具有派生的意向；其三，它自身形式具有不透明性。

奇石自身形式的指向性，指的是就某一区域的某一块奇石来说，它能够表现外部世界的"物象"，即它自身形式要么指向或关涉外部世界里的具象事物，如图3-2《有凤来仪》、图3-3《独来独往》；要么指向或关涉外部世界里的意象事物，如图3-5《千山万水》；要么指向或关涉别的抽象事物，如图3-1《甲骨文》。奇石自身形式的指向性，就全国各地不同的奇石品种来看，它主要涉及三个方面中的一个方面，即它们要么指向或关涉奇石表面的石色，如广西的大化石、彩陶石、灵璧的五彩石等；要么指向或关涉奇石表面的图案，如台湾的南田石、灵璧图案石、灵璧珍珠石、灵璧纹石、长江石、黄河石、来宾纹石等；要么关涉奇石的形状、形态、形象，如灵璧石、太湖石、英石、昆石、戈壁石等。

当然，由于知识结构的关系，有些赏石者虽然不知道奇石自身形式意向性概念，但是，他们在表达对奇石自身形式的看法时所流露出的观点，就表明了在奇石自身形式意向性的导引下，他们的心理状态指向了、关涉到了外部世界的某种事态。著名美学家王朝闻先生在看到宜昌卵石和南京雨花石的相似线纹时，就关涉到了"香包"和"潮头图案"，他说："线纹结构的开端与结束都比端午节农村女孩用有色线缠成的香包更复杂。香包整体由几个三角形的面所组成，俗称这种香包为粽子形，这几块观赏石的形体不像香包，但它们的'缠线'结构，比香包的缠线更难找出线头的来龙去脉。在我看来，这些以同心圆为特征的线圈的局部，也像戏曲服装蟒袍下摆上的潮头图案。"④由此可见，一块奇石，其形状、动态与外部世界的某个事态相像，那么，这种"像"就是奇石自身形式的指向性。

奇石自身形式不仅具有指向性，它还具有意向性，即具有派生的意向。也就是说，奇石自身形式的意向性主要展现的是其形式里蕴涵着的某种"意向"，属于内在的东西。按照心理学的解释，意向是指人们对待或处理客观事物的活动，表现为人们的欲望、愿望、希望、谋虑等行为反应倾向。人的欲望、愿望、希望、谋虑等可分为肯定和否定、正向和负向两种。肯定或正向的意向就是对某种客观事物的接近、取得、保护、接受、拥护、吸收、助长、产生、造成等；否定或负向的意向就是对某种客观事物的避开、丢弃、反对、破坏、抵抗、限止、消灭等。意向是个体对态度对象的反应倾向，即行为的准备状态，准备对态度对象做出一定的反应，因而是一种行为倾向，或叫做意图、意动。具体到奇石自身形式的意向性，它主要蕴涵着的是对赏石者人生的某种导向、暗示，这种导向、暗示同样具有正面或负面的作用。比如，藏石家沈永龙先生的一块南田石，那上面的图案便具有很强的正面的意向性。对此，著名赏石家何莉先生以"方向"为其题名，并以富有哲理性的语言为其作了解读："往哪里走/有时/比走多远更重要/我们的痛苦/不是没有方向/而是方向太多/选择一种生活/不等于/决定一个方向/选择一个方向/就决定了/一种生活。"

更令人难以理解的是，奇石自身形式的意向性还是不透明的，人们永远无法确定它的能指与所指。比如广西大化石、彩陶石，其表面的石色极具抽象意味，然而其形状、纹理又具有某种神韵和意境美；比如台湾的南田石，其表面的白色石筋与其黑石色所形成的图案具有国画的韵味，或具有抽象画的味道；比如灵璧石、太湖石、英石、昆石、戈壁石等石体上的瘦、漏、透、皱的抽象意味等。这些抽象意味、神韵美、意境美、韵味等，它们都具有不透明的性质，它们在不同的赏石者眼里，其能指与所指、其意向性都是形形色色的、五花八门的。

由此可见，奇石自身形式意向性缘于人类个体感知的差异性。每个人都具有独一无二的能够感知奇石自身形式美的眼睛，风俗习惯、文化背景、美学修养、个人风格等，这些种种的不同，使得每个观赏者对奇石自身形式意向性的解读也是各不相同的。

总之，奇石自身形式的三个基本特性具有极强的吸引力，其中，缘于天然性的奇石自身形式的神秘性，它具有使人神魂颠倒的诱惑力;缘于复杂性的奇石自身形式的多义性,它具有使人欲罢不能的刺激力;缘于赏石主体感知差异性的奇石自身形式的意向性,它具有使人脱离尘世的悬浮力。更重要的是,奇石自身形式的神秘性会吸引观赏者踏进人类远古时期的神话、传说、宗教等意向中,奇石自身形式的多义性则会引导赏石者进入具象、意象、抽象及其蕴涵着的意义等意向世界里。因此,笔者认为,从某种意义上说,奇石就是具有意向性的天然石块。

①王朝闻:《石道因缘》,浙江人民美术出版社2000年版。

②[宋]杜绾《云林石谱》,重庆出版社2009年版。

③高新民:《意向性理论的当代发展》,中国社会科学出版社2008年版。

④王朝闻:《石道因缘》,浙江人民美术出版社2000年版。

第四章 奇石自身形式的规律

　　通过对奇石自身形式三个基本特性的探讨，我们知道，奇石自身形式既是独立的，具有神秘性，同时又是运动的、变化的，具有多义性、意向性。至此，人们不禁要问：奇石这些自身形式的存在根据是什么？奇石自身形式既然是变化的、运动的，那么，它是不是也是无序的？奇石自身形式中的外部形式与内部形式，其作用都是一样的吗？换句话说，奇石自身形式中，有没有起主导作用的一种形式，而其他形式则起着次要作用？如果要回答以上这些问题，就必然要探寻、总结奇石自身形式里的规律。笔者认为，奇石自身形式中存在着两组六大规律，它们分别存在于奇石古典形式与奇石现代形式中。

第一节　奇石古典形式中的三大规律

　　灵璧磬石《门神》（见图4-1）一定会给你一种惊喜：哇！这么像！这不是看门的石狮子吗？！灵璧磬石《祥云峰》（见图4-2）一定会让你赞叹：多么瘦、皱、漏、透啊！是的，奇石的这些具象形式或意象形式，能够引起观赏者的普遍共鸣。同时，人们通过视觉、听觉、嗅觉、味觉、触觉等感官，能够对它们进行感知。一句话，赏石主体能够对它们进行自然的联想，这样的形式，笔者就姑且称之为奇石古典形式。也就是说，奇石古典形式包括奇石的具象形式与意象形式。在奇石古典形式中，隐藏着

图4-1 《门神》 灵璧磬石
52cm×29cm×86cm 倪强 藏

一组三大规律,这就是:天然律、中心律和形式律。

一、天然律

道教崇尚不假人为的天然之美。因此,《庄子·秋水》篇里有这么一段短文:"牛马四足,是谓天;落马首,穿牛鼻,是谓人。故曰:无以人灭天,无以故灭命,无以得殉命,谨守而勿失,是谓反其真。"意思是,牛、马一生下来就有四个蹄子,这是自然的本性,是天道;但是,人类却偏偏要"落马首"、"穿牛鼻"控制它们的行动,这就破坏了牛马的自然本性,也就违背了"真"、违背了天道。所以,庄子认为,没有真就没有美,美离不开真。

对于赏石主体来说,"真"就是奇石自身形式的天然,而天然的奇石自身形式里蕴涵着天道,因此,天然律是奇石自身形式的第一规律。奇石自身形式天然律的主要内容是:奇石外部形式(即形状、形态、形象)以及它内部形式因素(即点、纹、筋、色、声、质、味等)都是天然产生的。奇石天然形式的存在状态都是原初的存在状态,奇石的天然形式与原初存在状态具有自我敞开的特点,具有自我生成、自我涌现的能力。奇石天然形式的这种自我敞开、自我生成、自我涌现所形成的美,反映了天道,因而是不言的大美。

1.奇石自身形式是天然产生的

在亿万年的地质运动中，奇石自身形式自然而然地形成了，而不是人为创造的或者是部分人为加工的。奇石自身形式的天然律是奇石之所以成为奇石的首要条件。

奇石自身形式的天然律，它首先要求从事奇石交易的农户、商户在经营过程中，其一切举措都要顺应自然，不要人为地去破坏奇石的形式。奇石的形式如果是人为加工的或是部分人为加工的，那么，它就失去了充满魅力的个性，所谓的奇石也就不存在了。其次，奇石自身形式的天然律还要求赏石者在寻石、玩石、藏石等过程中，不隐瞒、不流转自己买到的加工石。最后，在奇石上题字的行为，也不违背奇石自身形式的天然律。

2.奇石天然形式的存在状态是原初的存在状态

由于几亿年的氧化等侵蚀作用，这种原初的存在状态早已变得面目全非了。为了恢复它们的原初存在状态，为了还原它们的本来面目，人们对它们进行清理是必要的。因此，奇石的原初存在状态与人们对它进行必要的清理，两者是并不矛盾的。

当然，不同地区的奇石，人们清理它们的办法也是不一样的。产自海底、江底的奇石如大化石、彩陶石等，产自沙漠地区的奇石如沙漠漆、玛瑙、碧玉等，它们的表面都有一层醇美的包浆。为了保护这层天然的包浆，人们在清理它们身上的污垢

图4-2 《祥云峰》 灵璧石
50cm×32cm×161cm 倪强 藏

图4-3 《一览众山小》 灵璧磬石
42cm×30cm×46cm 阮光辉 藏

时，不能使用硬的器物来清理，以免破坏其表面的包浆。

但是，灵璧石的清理就不一样了。由于在地下的时间长达4亿—7亿年，"岁久，穴深数丈，其质为赤泥渍满"，再加上地下水的侵蚀，说它们一身泥巴是一点也不为过的（见图4-3）。因此，宋朝杜绾在《云林石谱》中介绍道："土人多以铁刃遍刮，凡两三次，即露石色，即以黄蓓帚或竹帚兼磁末刷治。"现今在灵璧石的产地，当地人用铁刷来清理石头表面的浮灰。南方的石友，特别是广东的石友看见后就认为：这不是在清理奇石表面的浮灰而是在做假石头。其实，这种看法是不对的。灵璧磬石天然与否的鉴别方法很简单，就是看它天然的外部形式有没有被改变？如果它的外观形状被改变了，那么，灵璧磬石就不是天然的了；如果它的外观形状没有被改变，而只是刷去它身上的浮灰，那么，灵璧磬石就还是天然的，这是毫无疑义的。

3.奇石的天然形式与原初状态具有神秘性。

如图4-1《门神》，天生的石头形状与现实中的狮子形状为什么相像，这是无法解释的。正是由于这种神秘性，使得人们永远不可能读懂奇石的天然形式，"就像人类起源那样，我们可以对它猜想，但不可能有最终的答案。这是一个充满想象力的创造的领域，而不是机械的发现的领域。"[1]如果对奇石的天然形式进行人为地加工，那么，它就具有了第二次敞开，而这第二次敞开便不再具有神秘性了。因为这第二次敞开的内容不是它自身涌现的，而是体现着人类的想法、意图和思维等。

同时,奇石的这种神秘的天然形式还具有自我敞开、自我生成、自我涌现的能力,因而其内容极具丰富性,如图4-2《祥云峰》,它既像一朵冉冉升起的祥云,也像一座挺拔的山峰,还像一只昂扬站立的瑞兽。奇石同一形体的不同角度,能够给不同的赏石主体以不同的感知、不同的情趣、不同的形象,因而它便具有不同的内容、不同的意义。然而,人们总是想通过一些所谓的绝对理念来统摄丰富多彩的世界,如柏拉图的"理式"、亚里士多德的"神"、康德的"人为自然立法"等,这些充斥着人类理念的介入使得自然物已经不是它自己本身了。正如阿多诺所说:"我们生活在一个异质的世界。对于大自然这种异己的他者——'事物中非同一性的残余',如果将它存在的根据统统归于主体并听凭主体任意处置,那么,这种主体化的自然必然是一种假象的自然。"②因此,奇石的天然形式不仅与奇石人为加工的形式相对立,而且,它还与一切外在的限定相矛盾。据此,赏石主体对奇石的配座、题名、阐释以及演示等,都要按照非同一性思维,做出符合奇石天然形式的安排,摆脱外力与理念的介入,只让奇石的天然形式自我敞开、自我显形。

4.奇石自身天然形式的自我涌现,是不言的大美

《庄子·知北游》中曰:"天地有大美而不言",为什么天地之美是"大美"呢?在庄子看来,美在于自然无为,一切都是自然而然发生的,都在于"道"的体现,而不是有意识的劳心劳力的结果。"不言",即自现,"大美不言"就是天地之美,本自美之,无须假之人为,如图4-4《一树梅花一放翁》。正因为如此,所以,《庄子·大宗师》中说:"吾师乎!吾师乎!赍万物而不为义,泽及万世而不为仁,长于上古而不为老,覆载天地、刻雕众形而不为巧。此所游已!"

庄子学派还认为,"大"高于"美",所谓的"大",指的是美的一种境界,"大美"体现了"天道"的自然无为、无所不能的力量,也就体现了不被社会伦理道德等一切有限事物所束缚的最大的自由。

二、中心律

奇石自身形式的中心律,它的主要内容是:在奇石外部形式与内部

形式中，只有一种形式因素居于中心地位，起着决定其审美价值的主要作用，而其他形式因素则居于次要的地位，起着陪衬、烘托、渲染的作用。也就是说，奇石的这些自身形式，不管是它的外部形式，还是它的内部形式，都永远只能有一个中心形式，这个中心形式维系着该奇石之所以存在的价值，而其他形式则起着辅佐的作用。

奇石的外部形式如果是中心形式的话，那么，奇石的形状就好像是"红花"，它居于该块奇石审美的中心地位，起着决定其审美价值大小的主要作用。如图4-1《门神》，狮子的惟妙惟肖的形状决定着该块奇石审美价值的大小。相应地，奇石的内部形式因素包括点、纹、筋、色、声、质、味等就好像是"绿叶"，居于次要的地位，起着陪衬、烘托、渲染的作用。相反，如果像某些人所要求的那样，奇石的内部形式因素如质、纹、色也必须是非常精美，那么，奇石的形式世界就不能形成一个完美的中心，人们在赏石时就会无所适从，顾此失彼。

奇石内部形式中的一种形式因素如果是中心形式的话，那么，奇石内部形式因素中的点、纹、筋、色等就好像是"红花"，居于主导地位，起着决定其审美价值的主要作用。①如图12-4《可染墨牛图》，奇石内部形式因素之一的"点"即珍珠是中心形式，珍珠的构图成为该块奇石审美的中心，而它的外部形式即奇石的形状、形态、形象等则是次要形式。②如《龙王》（参见《宝藏》杂志2008年第11期，第36-37页），奇石内部形式因素之一的石"纹"是中心形式，而它的外部形式即奇石的形状、形态、形象等则是次要形式。③如图9-2《倾国倾城》，奇石内部形式因素之一的石"筋"是中心形式，而它的外部形式即奇石的形状、形态、形象等则是次要形式。④如《春晓》（参见《柳州名石大典》第二卷，第67页，唐咪方收藏），奇石内部形式因素之一的石"色"是中心形式，而它的外部形式即奇石的形状、形态、形象等则是次要形式。由此可见，在以上的四种情况下，奇石的外部形式就好像是"绿叶"，是次要的形式，处于次要的地位，起着陪衬、烘托、渲染等作用。

在对不同地区奇石的欣赏活动中，我们不能仅仅习惯了对奇石形状的审美。比如岭南地区的大化石、彩陶石、来宾石、蜡石等,你可以去琢磨它的形状,但是,它吸引人的主要方面还是它的石色。比如南田石、长江石、黄河石、灵璧纹石、灵璧珍珠石、灵璧图案石、来宾纹石等,你如果还是去琢磨它的形状,其结果很可能是失望。如果按照以往的审美习惯对这些奇石进行"鉴评",不遵守奇石形式中心律,不听从奇石形式的"召唤"原则,"乱点鸳鸯谱"则会贻笑大方的。比如《宝藏》杂志2008年第11期第36-37页,韦加珍收藏的那块规格为25cm×28cm×13cm的来宾纹石,被当做《龙王》来"创作"。在创作者看来,该块奇石是神态威严的龙王的脸谱形象。其实,该块来宾纹石的审美价值正在于它本身的内部形式因素之一的石"纹"上,而不是在它外部形式的"形"上。也就是说,我们应该从该块奇石的内部形式因素之一的石"纹"上来建构它的艺术形式世界,于是,"蜀道"或"天路"这样的题名就是水到渠成的了,至于接下来的配座、阐释等,就能有的放矢。

三、形式律

奇石自身形式的形式律,就是人们通常所说的形式美法则。形式美法则是人类公认的对事物形式进行审美、判断的标准,其主要内容是整齐、对称、均衡、比例、节奏、调和、对比、和谐等。它"是以人的生理心理结构和作为自然生命体的活动规律为基础的,是对象的形式与人的生命体的自由和谐活动的契合","是在人类的实践活动中逐步提炼、抽象而成,因此也带有泛化了的、模糊的社会内容"③。

当然,形式律的这些具体内容早已经众所周知,笔者在此不再赘述。值得重点强调的是,高明的赏石者是不会把奇石形式律挂在嘴边的,而是会非常灵活地运用它去发现奇石之美,所谓"至人无法,非无法也,无法而法,乃为至法"(石涛语),说的就是这个道理。同时,随着时代的变迁、科学技术的发展、人类审美情趣的不断变化,形式律也是发展变化的,我们要善于总结它。

由此可见,天然律是奇石得以存在的前提条件,正是由于天然律的存在，奇石形式的普遍性范畴和特殊性范畴之间才存在着无法消弭的差异，赏石主体所确立的规则和奇石天然形式之间才存在着难以勾销的矛盾。但是，奇石的天然形式如果没有中心律的制约，那么奇石的古典形式就有可能是混乱的，大多数的赏石主体就不能真正地感知它。同样，受到中心律制约的天然的奇石古典形式，如果它不符合形式律，那么，它就无法使得赏石主体进入"天人合一"的境界中，奇石形式的审美价值就会被打上折扣。因此，在奇石古典形式中，天然律、中心律、形式律，它们既是相互区别的、具有不同的内涵，同时，它们又是互相联系的、不可或缺的、发挥着各自不同的作用。正是由于这种既区别又联系还发挥着不同作用的三个规律的同时存在，奇石古典形式才焕发出神奇的魅力！

第二节 奇石现代形式中的三大规律

由于科学技术的高度发展、艺术品的产业化、日常生活的审美化等因素，使得一些人对于所谓的古典美感到了厌倦。同样，奇石的古典形式也不能充分地满足这些赏石者的需求，于是，奇石形式中的现代形式即抽象形式就吸引住了这部分人的眼球。奇石现代形式即奇石抽象形式，它是相对于奇石古典形式而言的。

这里探讨的是，奇石现代形式即抽象形式里有没有规律？在一般情况下，奇石现代形式即抽象形式不具有感性、可感性的特点。笔者通过研究后认为，奇石现代形式即抽象形式中也有三大规律，即天然律、矛盾律与纯情律。当然，奇石现代形式的天然律，其内容同上，这里不再赘述。

一、矛盾律

需要声明的是，奇石自身形式的矛盾律与人们日常生活中使用的矛盾律不是同一个概念。奇石现代形式即抽象形式矛盾律的主要内容是：①奇石现代形式即抽象形式是混乱不堪的，它能够给赏石主体提供不

同所指。但是，在传统赏石里，某块具
有古典形式的奇石，其形式一旦被大
多数赏石者认同，其所指大多具有某
种确定性，而不能同时既具有某种象
征意义又不具有某种象征意义（见图
4-4）。②奇石现代形式即抽象形式是
没有结构的，它能够让赏石主体做出
相互矛盾的审美判断。奇石《黄金台》
（见图4-5），它在一般的赏石者眼里
是没有什么结构的，你可以说它是个
正方体，你也可以说它不是正方体。但
是，在传统赏石里，赏石主体对同一块
具有古典形式的奇石，不会同时做出

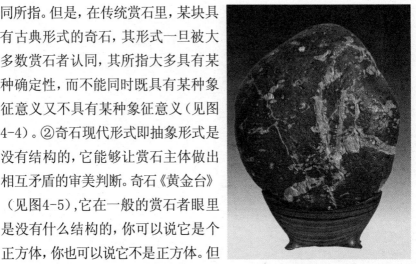

图4-4　《一树梅花一放翁》　梅花玉
20cm×13cm×23cm　王雁鸿 藏

矛盾的判断。③奇石现代形式即抽象形式是不平衡的。因此，作为一个
审美认识活动，赏石主体可以持两可之说，思想可以不必保持连贯性和
前后一致。《黄金台》其形体是不平衡的，它在一般赏石者眼里也是没有
什么思想和内容的，换句话说，人们既可以肯定它，也可以否定它，而持

图4-5　《黄金台》　沙漠漆
25cm×23cm×17cm　孙福华 藏

两可之说。④奇石现代形式即
抽象形式是没有中心的。换句
话说，可能有很多中心，也可能
没有一个中心。赏石主体既可以
对它进行某几个方面的审美，
又可以不进行这几个方面的审
美。对它表述某一思想，又不表
述某一思想。当然，对于这种混
乱不堪的、没有结构的、不平衡
的、无中心的奇石现代形式即
抽象形式，有时赏石主体能够

图4-6 《秋望》 灵璧图案石
28cm×18cm×87cm　许春海 藏

感受到其形式中所具有的一种暴力的动态和倾向，从而产生一种厌倦、恐怖、孤独等情绪（见图4-6）。因此，奇石自身形式矛盾律既是符合奇石现代形式即抽象形式的一般规律，又能够符合一部分赏石主体的审美要求。

二、纯情律

奇石的现代形式即抽象形式是混乱的、无结构的、不平衡的、无中心的，同时，它们之中又蕴涵着一定的情感。奇石纯情律的主要内容是，看似混乱、无结构、不平衡、无中心的形式在另外一个层次上却呈现出一个完整的整体形式结构，其中蕴涵着一种"纯情感"，即让当代一部分赏石主体可以察觉的深层次意味：艺术是社会的真实反映，而不是粉饰的工具。

当然，奇石现代形式即抽象形式的这种"纯情感"不是个人的、日常生活的情感，而是赏石者对"纯粹形式的一种反应，即对一件不具有再现或联想涵义的形式特质的情绪反应"④。如图4-5《黄金台》，人们看它一眼所产生的呆板的感觉，就是一种日常生活中的个人情感。但是，其黄金一般颜色的方台，能够让有些赏石者打开回忆的闸门：燕昭王筑台，置黄金于台上，以延请天下之奇士，史称该台为"黄金台"。未几，招来了乐毅等贤豪之士，燕国国势日盛。从此，"黄金台"成为明主求贤若渴、礼贤下士的象征，同时，它也成为士人渴望发挥才能、报效国家的舞台。然而，在人类几千年的历史长河中，这样的"黄金台"又有过几座

呢?唐朝诗人陈子昂在报国无门时所写过一首诗,就表达了这种感慨:
"南登碣石馆,遥望黄金台。丘陵尽乔木,昭王安在哉?"

由此可见,天然律,仍然是奇石现代形式即抽象形式得以存在的形式
铁律,没有这个铁律,奇石现代形式即抽象形式也就失去了存在的依据,
也就没有了神秘感。同样,正是由于矛盾律,奇石现代形式即抽象形式才
能与奇石古典形式相区别,才能表现出自己的存在价值。当然,奇石现代
形式即抽象形式的整体形式结构中如果没有"纯情感",不受纯情律的支
配,那么,它的审美价值还会存在吗?因此,在奇石现代形式即抽象形式
中,天然律、矛盾律、纯情律既是相互区别的、具有不同的内涵;同时,它
们又是互相联系的、不可或缺的,发挥着不同的作用。正是由于这种既区
别、又联系、还发挥着不同作用的三个规律的同时存在,奇石现代形式即
抽象形式才会受到越来越多赏石者的喜爱、珍藏!

综上所述,在探寻奇石自身形式里的规律时,我们发现了两组六大
规律。其中,一组三大规律隐藏在奇石古典形式中,它们分别是天然律、
中心律、形式律;另一组三大规律则隐藏在奇石现代形式即抽象形式
中,它们分别是天然律、矛盾律、纯情律。当然,这两组六大规律,它们
在赏石主体的审美活动中的作用,可能是不同的,但又是客观存在的。
同时,我们还应该看到,总结奇石形式里的这些规律,对于我们鉴赏奇
石以及建构奇石的形式世界,无疑是值得的不可或缺的。

①彭锋:《回归》,北京大学出版社2009年版。
②刘成纪:《自然美的哲学基础》,武汉大学出版社2008年版。
③王旭晓:《美学通论》,首都师范大学出版社2004版。
④牛宏宝:《西方现代美学》,上海人民出版社2002年版。

第五章　奇石自身形式里的基本关系

　　通过以上章节的探讨，我们梳理了古代赏石的一些理念，古人心目中的由这些理念所形成的奇石形式，以及这些奇石形式的演化简史。同时，我们还创建了新的奇石形式，探讨了奇石自身形式的三个特性、两组规律等内容。在本章里，笔者将重点探索奇石自身形式里的基本关系，即一些观赏者早已司空见惯，但又不知其所以然的关系。探讨、总结奇石自身形式的最基本关系及其包涵着的内容，这有利于我们去探索奇石自身形式里的召唤力及其源泉等问题，从而为建构崭新的奇石形式世界奠定基础。

　　奇石自身形式里存在着很多种关系，比如奇石外部形式与具象美、意象美、抽象美的关系；比如奇石外部形式与奇石内部形式因素之一点（珍珠）、纹、筋（石英脉）、色等的关系；比如奇石内部形式因素之一的点、纹、筋、色等与奇石表面图案的关系；比如奇石内部形式因素之一的点、纹、筋、色等所形成的这些图案与具象美、意象美、抽象美的关系等。在这些繁杂的关系中，奇石自身形式里有没有最基本的关系？"有"与"无"的关系是奇石自身形式里的最基本关系，这一对关系决定或影响着奇石自身形式中的其他关系，它们的对立统一是奇石形式世界里的"天道"。

第一节　"有"与"无"的文化背景

既然"有"与"无"的关系是奇石自身形式的最基本关系，那么，我们就要搞清楚它们的文化内涵及其演变的历史过程。众所周知，"有"与"无"是中国哲学家老子为了解决万物如何成为万物本身这个基本的哲学问题而提出的一对范畴。"有"指具体存在的事物，亦称实有；"无"指无形无象的虚无，"有"与"无"统一于"道"。因此，它们的关系是老子本体论哲学的支点。

在《老子》里，"有"与"无"的最初内涵是被这样赋予的："道可道，非常道；名可名，非常名。无，名天地之始；有，名万物之母。故常无，欲以观其妙；常有，欲以观其徼。此两者，同出而异名，同谓之玄。玄之又玄，众妙之门。"对此，有人这样解释："道"是可以说得出的，但不是人们通常所说的道；可以称呼它，但不是人们通常意义上所能理解的名字。"无"，称为万物的开端；"有"，称为万物的根本。所以，应该从万物永恒的原始状态去体察它的奥妙；应该从万物不变的根本去体察它的存在界限。"有"与"无"这两个方面同出于一个东西，而名称不同，同样都是深远莫测的。探索它们的深远莫测，是认识万物存在奥妙的路径。由此可见，中国传统文化讲究的相生相克的理念根源于此，有生就有灭，有快乐就有痛苦，有成功就有失败。就个体而言，自卑与自负相存，希望与绝望相存，善良与邪恶相存，智能与愚钝相存。

战国时期，庄子在外篇《天地》中说："泰初有无，无有无名。"意思是作为宇宙本原的"无"即是"无有"。他在内篇《齐物论》中说："有'有'也者，有'无'也者，有'未始有无'也者，有'未始有夫未始有无'也者。俄而有无矣，而未知有无之果孰有孰无也。"意思是"有"与"无"是无法分清的，存在与非存在之间的界限也是无法分清的，一切都是相对的。他在《秋水》中说："因其所有而有之，则万物莫不有；因其所无而无之，则万物莫不无。"意思是以万物自身所具有的东西看事物，万物都是有，以万物自身所没有的东西看事物，万物都是无。因此，庄子以

"虚无"论道,把"无"解释为纯然无有。

魏晋时期,出现了王弼"贵无说"、裴頠"崇有论",郭象的"独化论"。王弼"以无为本",他认为,天地万物都是有形有名的具体存在物,这些具体存在物得以产生,是由于"无"为其根本;万物要保全自身,就必须保持其本体的"无"。因此,他在《老子四十章注》中说:"天下之物,皆以有为生。有之所始,以无为本。将欲全有,必反于无也。"裴頠反对"贵无说",认为无不能生有,他在《崇有论》中说"夫至无者,无以能生,故始生者,自生也。自生而必体有,则有遗而生亏矣。生以有为己分,则虚无是有之所谓遗者也"。郭象则提出"独化论"。他认为无不能生有,"若不能为有,何为无乎?"有也不能生有,如果有能生有,生有的有又从何而来呢?最后,他说:"夫有之未生,以何为生乎?故必自有耳。""岂有之所能有乎?此所以明有之不能为有,而自有耳。""自有"就是"独化"。由此,他得出了有皆自生的结论。

东晋时期,僧肇提出了非有非无说,他写的《不真空论》认为,万物虽不真实,但并非不存在,而是有非实有,无非实无。万物是假有,然而假有不是空无。僧肇的理论是唯心的,但强调有与无的矛盾统一关系。他认为万物既是有,又是无,是有与无的统一。僧肇的理论对后世产生过很大影响,隋唐间三论宗的创始人吉藏把僧肇视为初祖。

宋时期,张载否认有所谓"无"。他提出"太虚即气","知太虚即气,则无无",认为气是有,气散而无形,幽隐不可见,气聚象而有形,明晰可见,因而"圣人仰观俯察但云知幽明之故,不云知有无之故"。他认为:"诸子浅妄,有有无之分,非穷理之学也。"

明清时期,王夫之继承张载的观点,他认为,"无"是相对于"有"说的,没有"有"也就无所谓"无",而"无"必有待于"有"。他在《正蒙注一》中说:"明有,所以为明;幽有,所以为幽。其在幽者,耳目见闻之力穷,而非理气之本无也。"他认为老庄之徒把所不能看得见的都说成"无",在理论上是错误的。他认为,"有"与"无"都是物质之间"往来、屈伸、聚散、幽明"相互转化的表现,一物从"有"至"无",另一物从"无"至"有"，物质之间转化不息，无所谓生灭，绝对的虚无根本不存在。

刘蔚华先生由此认为，中国古代哲学史上关于"有"与"无"问题的争论，从老子始，至王夫之基本结束。笔者认为，了解传统文化"有"与"无"的内涵，"古为今用"，这对于今天的人们来说是至关重要的。所谓美，就是以有限的"有"去表现、传递无限的"无"，再从无限"无"的高度去咀嚼、回味、焕发有限"有"的神韵、意境、纯情感。因此，从这个角度来说，"有"与"无"的关系是中外一切艺术形式都必须处理好的最基本的关系。作为"石道"的探索者，我们更应该借鉴传统文化里的"有"与"无"的内涵，去关注奇石自身形式"有"的所指与能指，去探讨奇石自身形式"无"的内涵，去总结"有"与"无"在奇石自身形式里是怎样实现着"有无相生"、"有中生无"、"无化为有"的。

第二节　奇石自身形式"有"的表现

从某种意义上说，"有"是容易理解的，人们不过想象着它是如何起源的，它最初的唯一状态如何就可以了——它总是以"实有"的一切为基础。"有"即是存在，奇石自身形式的"有"即存在包括两个方面的内容：第一个方面的内容是奇石自身形式客观的"有"，即客观存在；另一个方面是赏石主体思维的"有"，即主观存在。

现在，我们先来探讨奇石自身形式客观存在的"有"。现代西方存在主义哲学家萨特认为："无论如何应该有一种存在（它不可能是'自在'），它具有一种性质，能使虚无虚无化、能以其存在承担虚无，并以它的生存不断地支撑着虚无，通过这种存在，虚无来到事物中。"[①]

由此可见，奇石自身形式的这种客观存在的"有"，它"能使虚无虚无化、能以其存在承担虚无，并以它的生存不断地支撑着虚无"，其表现主要在以下三个方面：一是奇石外部形式客观存在的"有"，这种"有"分为三种方式，它要么表现为具象形式（见图5-1），该块戈壁奇石仿佛是鹿

图5-1 《天禄》 风棱石
8cm×6cm×16cm 吕耀文 藏

的头部与身体部位，身体部位很简洁，与之形成鲜明对比的是，它的头部却富有变化。标志性的鹿角与身体的背部形成45°角，长而富有变化。微张的嘴唇，好像在咀嚼着食物；微眯的眼睛，和善地注视着周围；悠闲的神态，展示着养尊处优的环境、地位。它要么表现意象形式（见图5-2），它要么表现为抽象形式（见图5-3）。二是奇石内部形式因素之一的点、纹、筋所形成图案的客观存在的"有"。这种"有"也可以分为具象、意象、抽象等三种形式，图5-4《双清图》即为具象形式。三是奇石内部形式因素之一石色的客观存在的"有"，这种"有"表现为石色的几种相互关系。

值得注意的是，奇石自身形式的这些客观存在的"有"，它所引发的多是赏石主体的美感、丑感、意向性，而不是一种探索科学的兴趣。同时，奇石自身形式的这些客观存在的"有"，即它的外部形式或它的内部形式因素并不是被动地呈现"有"，而是有着独特的"召唤结

图5-2 《观云台》 玉质风棱石
14cm×9cm×12cm 陈传毅 藏

构"，正如萨特在《存在与虚无》一书中所指出的那样："存在相对于虚无而言不能是被动的：它不可能接纳虚无，虚无如果不通过另一个存在也不可能进入这种存在——这将把我们推至无限。"

第三节　奇石自身形式"无"的表现

奇石自身形式的"无"，仿佛是国画中"空白"，这个"空白"蕴涵着"寓意"与"象征"。

关于"寓意"，德国诗人歌德在他的《遗稿》中认为："寓意把现象转换成概念，把概念转换成意象，并使概念仍然包含在意象之中，而我们可以在意象中完全掌握、拥有和表达它。"奇石自身形式的"无"即寓意分别表现在它自身不同的三种"物自显像"里。

图5-3　《炫》　风棱石
15cm×13cm×39cm　徐有龙　藏

图5-4　《双清图》　梅花玉
17cm×15cm×27cm　孙福华　藏

　　一是在"形"派具象类奇石中或在"图"派具象类的图案中，奇石形式的"无"即寓意，则往往表现为某种神韵美。神韵是看不见摸不着的，它是人对事物的一种特殊感受。如果说一块奇石的形状里笼罩着一种悠闲的气氛，如图5-1《天禄》，那么，这就是赏石主体对该块奇石的仿佛是"鹿"形状的在一定观察视角上的一种意向性感受。

　　二是在"形"派意象类奇石中或在"图"派意象类奇石中，奇石形式的"无"即寓意，则表现为某种意境美。这种意境美，是由赏石主体所开拓的一个审美空间。在赏石中，赏石主体的审美情感如果遇到了"形"派意象类奇石的奇特形式，如图5-2《观云台》，那么，赏石主体就能够开拓出一个更为丰富、更为广泛的审美想象空间，同时，意境美又是赏石主体的一种体味与感悟。在赏石中，赏石主体伴随着对"形"派意象类奇石奇特形式的联想而能够产生的一种对情、神、意的了悟，如图5-2《观云台》，赏石主体从该块奇石的"避雨"、剔透的"孔"、突兀的"平台"等形式中体会到了一种意境，获得了一种不尽之意和味外之旨趣。

　　三是在"形"派抽象类奇石的形状中，或在"图"派抽象类的图案中，或在"色"派抽象类的石色中，奇石自身形式的"无"即寓意通常表现为某种"纯情感"。所谓"纯情感"，它不是指个人的、日常生活的情感，也不是与功利与名声相关的情感，而是一种对纯粹形式的反应，即对一件不具有再现或联想涵义的形式物质的情绪反应。如图5-3《炫》，赏石主体如果能够从该块奇石的形体中，特别是它尾部的越来越高、越来越尖的形体中，读懂了孔雀开屏时的洋洋得意、凤凰展翅时的昂扬心态、报喜鸟振翅报喜时的灿烂心情……那么，产生于这种纯粹形式的情感，就与形式秩序相吻合。

　　由此可见，奇石自身形式的"无"即寓意，具有一些共同的特征：其一，它是及物的，"能指层即刻就被穿透以便理解所指的东西"②。其二，它是可以言传的，它"直接指意，就是说它的能感知层之所以存在，全然是为了传达某种意义"③。其三，它是有意的、功能性的、实用的、没有自身价值的。其四，它是"约定俗成的，因此可以是任意的、无理据的"④。

其五,它产生的程序是:"为一般而找特殊"(歌德语)。

第四节 奇石自身形式"有"与"无"的关系

我们知道:奇石自身形式之"有"与"无",它们有着截然不同的所指,同时,它们的能指也是各不相同的。更重要的是,它们之间还是相互联系着的,有着密切的、不可分割的联系。"有无相生"、"有中生无"、"无化为有"等是奇石自身形式之"有"、"无"关系的三个层次。

一、奇石自身形式的"有无相生"

奇石自身形式的"有无相生"是属于形而下之"器"的层面,其中有、无是一般名词,是相对的关系,同时,两者相互依赖而存在,互为消长,而不能互相取代。因此,"有无相生"是奇石自身形式之"有"、"无"关系的最初呈现,属于第一个层次。在这个层次中,赏石主体获得的只是感官的愉悦、瞬间的惊喜而已,当然,由这种感官愉悦所产生的想象的"无",也只能是低级的、浅层次的。

一方面,对于奇石自身形式来说,能够实现"有无相生"才是它之所以成为奇石的根本。奇石自身形式,即它的外部形式或它的内部形式因素,正是由于具备了神秘性、多义性及意向性,所以,它才"能使虚无虚无化、能以其存在承担虚无,并以它的生存不断地支撑着虚无"。如图5-2《观云台》,对于该块奇石来说,它自身的所有形式,包括它的仿佛是山体的形状、不同的石色、"避雨"、"孔"、"平台"等,都极具神秘性、感染性、多义性。"避雨"处能使奇石形式的有限迅速转化为无限,"孔"处的"透"、"漏"容易使奇石的形式化为虚境,更容易抓住人们的"心","平台"呢,它能够使奇石自身形式的"有"与"无"在此相互对比而互为映衬。更重要的是,奇石自身形式的"有"与"无"在实体与空间上的变化又构成了奇石形式世界的多样性。

另一方面,无论奇石的种类有多少,就其自身形式里所蕴涵着的情趣而言,奇石自身形式之"天道"就是一种有"大美"而"不言"的

图5-5 《菁英满园》 灵璧五彩石
128cm×58cm×178cm 上南中学东校 藏

"无"。这种"无"，往往表现为赏石主体对有限的奇石自身形式的静观所获得的感官愉悦，当然，这种感官愉悦是无法言说的。奇石《菁英满园》（见图5-5）通过黄、红、白、黑、灰等五彩石色以及屏风般的饱满浑圆的形状，赏石主体获得了感官的愉悦，特别是它的仿佛是从天而降的五彩色带，更是给赏石主体带去了强烈的视觉享受。它们是上天派下的给人以启示的不同肤色的精英们吗？不仅如此，该块奇石的一些形式的特点，比如它整体的圆满的外形，与它局部的左下角的缺口、右边的仿佛是飞上去的小块等浑然一体，给人带来虚与实、动与静的美感。

二、奇石自身形式之"有中生无"

"有"中生"无"，是奇石自身形式之"有"、"无"关系的第二个层次。在这个层次中，赏石主体从"有无相生"的感官愉悦中得到了升华，进入到了充满想象力的情感世界，达到了庄子所追求的"天地与我并生，而万物与我为一"的人与自然的和谐贯通境界。

一方面，从奇石自身形式来看，"有"中生"无"的"无"反映在视觉上，其空间是空灵而又剔透的，它的功能不再仅仅局限于可玩、可游、可行，还须可望、可思。如图5-2《观云台》，该块奇石自身形式的"有"是看得见、摸得着的，如它的不同石色，上部的乳白色，中部的微黄色，下部的灰青色；它上大底小的山体中所呈现的"避雨"、"孔"、"平台"。但是，该块奇石这些"有"的形式能够形成"无"的"道"。因此，晋朝阮籍说："山静而谷深，自然之道也"，这里的"道"，是指自然实体和具有

"深"感的有形空间。

另一方面，从赏石主体的审美感受来看，"有中生无"的"无"指的是具有普遍性的人类共有的情感。这种情感虽然是"无状之状，无物之象"，但是它又若有若无。如图5-2《观云台》，赏石主体可以把它当作是"望夫台"，也可以把它当作别的情感寄托的平台，在"望夫台"上，赏石主体更可以设想有一个妙龄女子站在上面，遥望着远方。

三、奇石自身形式之"无化为有"

奇石自身形式的"无化为有"，属于形而上之"道"的层面，它是奇石自身形式的最基本关系即"有""无"关系的第三个层次。其中有、无是抽象概念，是同一的关系，无即是有，有即是无。奇石自身形式的"无化为有"包括三个方面的内容。

其一，它是一种境界。禅宗有一句话，叫做"如人饮水，冷暖自知。"这是一种什么样的境界呢？是禅者的生活境界。赏石也是如此，如图5-4《双清图》，它在我国古代赏石者眼里，其形是不能引起任何反映的"无"。但是，只要把传统赏石有关"形"的理念彻底放下，而去关注它表面两枝淡绿色的梅花，那么，观赏者当下就能够达到一种境界。一秒钟，两秒钟，三秒钟……观赏者可以体会一下这种境界。

其二，它是一种体验。观赏者从奇石自身形式中所获得的境界是看不见摸不着的，只有自己去体验、自己去受用才可以得到，即"唯行者有，唯证者得。"如图5-2《观云台》，赏石主体不观赏该块奇石，自然不会联想到"观云台"，赏石主体在欣赏该块奇石获得感官愉悦、情感陶醉后，很有可能会想到很多有关"云"的诗句，比如唐朝曹松的《夏云》："势能成岳衄，顷刻长崔嵬。暝鸟飞不到，野风吹得开。一天分万态，立地看忘回。"等。

其三，它是一条道路。我们生活在相对的世界中，一切相对的东西都像枷锁一样把我们捆得紧紧的，使我们不得解脱。奇石自身形式的"无化为有"则是观赏者的一条解脱之道。在历史上，赏石者多是文人，他们以奇石品性自喻，保持君子清净高洁的品格。他们要在其间"畅神"，让自然的灵逸之气充溢内心，超脱尘俗，以实现"静故了群动，空故纳万境"的"大我"。在这个时候，赏石主体赏石，显然意不在奇石，而在于培养人格。人格的修炼是一个艰难的过程，是一次意志的磨炼，培养、修炼高尚的人格要承受常人承受不了的压力，品尝常人不愿品尝的孤独。就像独钓寒江的渔翁一样，尽管是冰天雪地，寒气逼人，却能淡然处之，镇定自若。

由此可见，奇石自身形式的"无化为有"，是经过否定环节的重新肯定"山只是山，水只是水"。这种重新肯定不同于单纯地肯定"山是山，水是水"，也不同于单纯地否定"山不是山，水不是水"，它是最终达到了对外境和内心的双重肯定。只有在这种双重肯定的境界中，我们才能真正见到奇石自身形式本身。从这个意义上来说，奇石自身形式的"无化为有"，它是奇石自身形式里的最基本关系即"有""无"关系的第三个层次，也是最高的层次。

综上所述，"有""无"关系是奇石自身形式里的最基本关系，它决定或影响着奇石自身形式中的其他关系与奇石辅助形式中的其他关系。其中，"有"与"无"具有不同的所指与能指，展现着不同的表现方式，同时，"有无相生"、"有中生无"、"无化为有"是"有"与"无"这一对最基本关系的三个层次。

探讨奇石自身形式里的"有"与"无"关系，实际上是在回答为什么要玩石的问题。

---

① [法]让·保罗·萨特：《存在与虚无》，三联书店1987年版。

②③④ [法]茨维坦·托多罗夫著，王国卿译：《象征理论》，商务印书馆2004年版。

第六章 奇石自身形式的召唤力

很多人都有这种感觉，"从来不听西洋音乐的人，初次接触欧洲的交响乐，会感到许多曲子都差不多，觉得好些作家的面貌也都一样，不管巴赫也好，海顿或圣桑也罢，乍听都没有区别。中国的传统绘画，对一个不熟悉的人来说也有类似情况。生平第一次走进博物馆画廊的观众，从宋人无款作品到清末的吴昌硕，浏览一过得到的印象往往也是'千人一面'、'千部一腔'。特别是山水画，似乎其用笔、构图、色彩都是一个模子里印出来的。"①同样，初次接触奇石的观赏者也会有这种感觉。有的人在进入笔者开办的"大吕石馆"后就说："灵璧石都差不多吗，灰不拉几的！"之所以会出现这种情况，是因为这些人还没有掀开赏石的门帘。在探讨了奇石自身形式的三个特性、两组规律与最基本关系后，本章将重点探索它自身形式的召唤力问题。

关于奇石自身形式的召唤力问题，就某一块奇石来说，它主要表现在以下三个方面：一是，它要么表现在明晰的"形"上，即奇石自身形式的形状、形态、形象等外部形式所具有的纯粹"召唤力"；二是，它要么表现在巧妙的"图"上，即奇石内部形式因素之一的点、纹、筋、色所形成的图案纯粹"召唤力"；三是，它要么表现在丰富的"色"上，即奇石内部形式因素之一的石色所具有的纯粹"召唤力"。

由此可见，奇石自身形式的三大召唤力是指它"形"的召唤力、"色"的召唤力、"图"的召唤力。对此，有的赏石者可能不以为然，所谓奇石，不过是形状奇特的石头而已，它的自身形式哪里会有这么多的召唤力呢？笔者认为：奇石自身形式的三大召唤力是奇石形式里的最神奇所在，它们构成了魔幻般的奇石形式世界。有的赏石者可能会说，我们承认奇石自身形式"形"、"色"、"图"的三大召唤力。但是，就奇石自身形式来说，"声"、"质"、"味"三个方面也是奇石自身形式，为什么这三种内部形式因素都不具有召唤力呢？

首先，就奇石自身内部形式因素之一的"声"来说，它主要表现在以下的奇石上。比如安徽的灵璧磬石、广西的墨石、江苏的太湖石等，观赏者通过敲弹它们的不同部位，都能够发出不同的声音。其中，尤以安徽灵璧磬石的声音最好，其声空灵、悠扬、激越，仿佛天籁，其音袅袅，缭绕而不散。但是，奇石的这些厚薄、孔洞等不同部位因人的敲弹而发出的不同声音，它们为什么不能够形成一种召唤力？因为，一是它的形状、厚薄、孔洞等是天然的，它不是人类专门制作的音乐器材；二是通过敲弹它的不同部位，它虽然能够发出不同的声音，但这种声音却是五音不全的，而且是无法组织的；三是这些声音的节奏、旋律、和声等不具有确定性。这种声音便无法塑造听觉形象，没有听觉形象，就不能传递感情，欣赏者就无法在得到美的享受，同时也无法潜移默化地受到熏陶。因此，奇石自身内部形式因素之一的"声"不具有召唤力。当然，产地用磬石加工的乐器不在探讨范围内，它们可以演奏音乐。

其次，就奇石自身内部形式因素之一的"质"来说，它也不具有召唤力。因为，一是就其透明度来说，奇石的质地不如玉，特别是翡翠。当光线进入透明而质地细腻的翡翠时，它会反射出美丽的光芒，让人感到翡翠的晶莹通透，从而美感大增。但是，奇石则多没有透明度。二是就其纯度来说，奇石也不如玉，特别是上等玉滋润、透明，有油脂感，捏在手中有温润的感觉。借助放大镜或显微镜，人们可看到玉的粒度细，内部呈纤维交织结构。但是，奇石则不然。虽然有的奇石如灵璧石，其石皮若肤，但它无法与美玉相提并论。因此，奇石自身形式的"质"不像玉那样温润、透明、纯净，不像玉那样具有美的召唤力。

最后，就奇石内部自身形式因素之一的"味"来说，它更不具有召唤力。因为，一是该"味"不具有形象性，它刚出土时的泥土味，或经过人把玩所散发的人文气息等，都不能够形成一种形象；二是该"味"不具有美的或奇特的氛围，它只是一种气味而已。当然，笔者在这里所阐释的奇石自身内部形式因素之一的"味"，并不是指观赏者从奇石自身的"形"、"色"、"图"中所领悟的意味。

总之，奇石自身形式的三大召唤力是客观存在的，是不以观赏者的主观意志为转移的。当然，就全国各地不同区域所出产的奇石来说，奇石自身形式的三大召唤力则体现为"中国奇石界的三大流派"。笔者在2007年即提出了这一独创性的观点，并将之形成文字，读者可以参阅相关链接一。随后，笔者以此观点为话题，阐释了它产生的文化渊源，并在柳州2008年"第五届国际奇石节"的"赏石文化论坛"上与世界各地的石文化研究者进行了交流，引起了人们强烈的共鸣，读者可以参阅相关链接二。

相关链接一:

中国奇石界的三大流派

为了明确石文化研究的方向，拓展石文化研究的深度与广度，有必要将中国奇石界的不同流派进行划分。笔者认为，至目前为止，中国奇石界有三大流派，这就是：广东、广西等岭南地区以石色为主要审美重点的"色"派，台湾地区以图案为审美重点的"图"派，以及其他地区的以石形为审美重点的"形"派。以下作简要分析。

第一节　岭南地区的"色"派

色是为眼睛所接受的波长不同的光。马克思指出："色彩的感觉是一般美感中最大众化的形式。"②石色，是指石头表面所显示出来的美丽光泽，它分为单色、双色与多色等。国内石"色"诱人的奇石品种很多，比如黄蜡石、大化彩玉石、三江彩卵、新疆彩石、崂山绿石、金海石、沙漠漆、黄灵璧、红灵璧、五彩灵璧、云南黄龙玉等。其中，广东、广西等岭南地区的"色"派奇石最具代表性。

一、代表石种与产地

独具魅力的岭南地区的"色"派奇石，其著名的石种有蜡石、大化彩玉石、彩陶绿釉石、三江彩卵等，其中，最具代表性的石种是蜡石与大化彩玉石。蜡石的产地主要分布在广西柳州三江县的浔江、贺州八步和广东的潮州、台山、连山一带。主要品种包括名贵的广东潮州蜡石、广西柳江贺州八步的八步蜡石、三江县的三江蜡石。其赏玩历史较为悠久，尤其是在明清时期，很多文人雅士以之为清玩，供之于厅堂。大化彩玉石的产地主要分布在广西大化县红水河岩滩及水底，其开发历史较晚，大约在20世纪90年代。

二、代表石色、成因与寓意

岭南地区"色"派奇石的代表石色是黄、红两色。

黄色：黄蜡石的石色中可以细分为明黄、蜡黄、棕黄、嫩黄等，大化彩玉石的石色是黄中透红、黄者透白、黄中透黑，石色层次丰富而协调。黄的石色形成原因是石英岩在水中受多种矿物元素，特别是锰离子的长期浸染而成。黄的石色是极具神秘感地色彩，它代表皇天后土，寓意富贵、丰收。两千多年来，它为中国的皇帝所专用。

红色：红的石色也是中国人特别喜欢的颜色，它寓意兴旺发达、喜庆吉利，给人一种热烈而兴奋的美感。大化彩玉石、三江彩卵的石色，有的大红大紫，洋溢着喜庆；有的纯黑纯白，对比鲜明而生动；有的又蓝又绿，协调中显得气韵生动；有的包含了赤、橙、黄、绿、蓝、白、黑七种色彩，给人以强烈的视觉震撼力。

三、石色的审美特征

单一的石色能加强石形的美感，使石形更丰满、更立体。比如广东黄蜡石,如《江山多娇》③。有的大化彩玉石的石色虽然单一,但由于黑色草花纹的点缀,便有了抽象画的韵味,极富现代感。两种石色摆放在一起对比强烈,给人一种活泼的动态美。比如三江彩卵《火的记忆》④。多种石色浑然一体,协调、丰富,能给人一种抽象的流动美(见图6-1)。

四、"色"派的形成

广西柳州号称"中华石都",著名的有"三馆四场"。事实上,其影响力与辐射力在近几年的奇石界,其他地区无法与之抗衡。因此,"中华石都"对两广等岭南地区"色"派奇石的形成,贡献甚巨。收藏两广等岭南地区"色"派奇石的人数众多,各个阶层都有,同时,收藏地域非常广阔,国内的广大地区包括港、澳、台地区,国外有很多国家,比如韩国、马来西亚、新加坡等。广西柳州连续成功地举办了五届(每两年一届)"国际奇石节",奇石是该地区名副其实的名片。《赏石》杂志在当

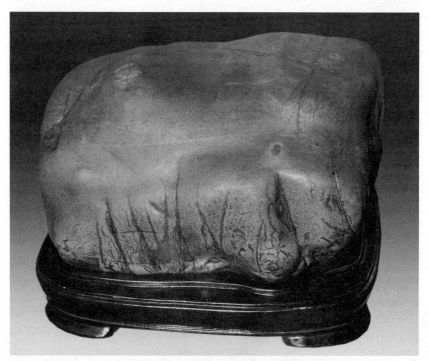

图6-1　《三春三月》　彩陶石　29cm×19cm×19cm　孙福华 藏

今中国的奇石界，很受赏石者的喜爱，很多石友都是通过它来了解两广"色"派奇石的。

第二节 台湾地区的"图"派

图，就是奇石石皮表面由石筋、石纹或矿物元素的浸渗所形成的图案。图案石上的图案由于是天然形成的，因此极具魅力，但它又是混乱的、令人迷惑的，一般赏石者很难咀嚼出个中滋味。令人欣喜的是，台湾地区的南田图案石，以其独特的审美价值吸引了众多的赏石者，卓然成派。

一、图案石的主要种类

目前，国内的图案石主要有四种：第一种是由石筋（即石英脉，有的凸出成筋络，有的凸出成脊状）所形成的图案石，比较著名的有台湾南田图案石、安徽灵璧图案石（见图6-2）、三峡石、三江金纹石等；第二种是由珍珠（即石英脉凸出成疙瘩状）所形成的图案石，比较著名的有灵璧珍珠石（见图6-3）、来宾珍珠石等；第三种是由石纹所形成的图案石，比较著名的有灵璧纹石、来宾卷纹石、龟纹石、天娥石等；第四种是受多种致色矿物元素的浸染、浸润所形成的图案石，比较著名的有雨花石、长江石（见图6-4）、黄河石等。在这些众多的图案石中，台湾地区的南田图案石最具有代表性。

二、台湾南田石的产地与成因

南田图案石的产地位于台湾的东南海岸，主要在达仁乡的南田村海边。南田石属于卵石类、沙积岩，这些卵石上形成图案的物质是石英。

三、台湾南田石的审美特征

南田图案石的图案，是由白色石筋（石英）构成的，其底色为黑色。因此，整块图案石看起来色差大，对比分明。然而，这些图案又独具魅力，各人凭借想象力就可以赋予它生命，当地的赏石者把它比作艺术大师陈庭诗的版画与乡土艺术家洪通的色彩组合，其影响力在当地由此可见一斑。但是，这些图案往往是混乱的、令人迷惑的，一般赏石者很难

咀嚼出"个中三昧"。总体
来看，南田图案石的石筋
所形成的图案，仿佛中国
画一般展现着变化无穷的
线条情趣。其审美特征表
现在以下三个方面：一是
有的石筋细劲，像"春蚕吐
丝"均匀、连绵、圆润，而
且自然流畅，恰似"春云浮
空，流水行地"，形成了一
种独特的情调，如奇石《苍
松倒挂倚绝壁》[⑤]。二是有

图6-2　《倾国倾城》　灵璧图案石
33cm×15cm×37cm　吕耀文　藏

图6-3　《哪吒闹海》　灵璧珍珠石　53cm×26cm×28cm　吕耀文　藏

图6-4 《龙凤呈祥》 三江金纹石 23cm×15cm×9cm 吕耀文 藏

的石筋呈片、块状，这样的石筋所形成的图案犹如中国绘画中的水墨大写意一般酣畅淋漓的抒写，蕴涵着一种内在的力量。如《泼墨仙人》（同上，王秋朗先生藏）。三是有的石筋呈几何状，寥寥几根，再配以大小面积不同、形状各异的黑底色的空白，它们所形成的图案极具简约、抽象的意味，正如绘画中"用经济的笔墨获取丰富的艺术效果，以削减迹象来增加意境"。如台湾彭明龙先生的南田图案石组合、刘猛松先生的南田图案石、李宏章先生的南田图案石等⑥。这些图案石的石筋看似简单，实际上都暗藏玄妙，蕴涵着一种抽象的美。

四、"图"派形成的标志

据台湾《石之艺术》（2005年105期）介绍，台湾图案石协会于2005年2月26日，在高雄社教馆召开了发起人会议暨第一次筹备会议。随后，各县也纷纷成立了图案石协会。至此，台湾地区形成了我国别具一格的赏石流派，即"图"派。

第三节　其他地区的"形"派

"形"，就是奇石的外部形式，它包含以下三个方面的内容：一是指奇石形体的大小、重量、体积等；二是指奇石的形状和动态，即形态；三是指因奇石形态的变化而引起石肤表面的起伏、凹凸、褶皱、沟槽、孔、洞、穴等。奇石的"形"，牵动着古往今来很多赏石者痴迷的目光，因此，"形"派奇石形成的历史最悠久。换句话说，赏石的历史，就是"形"派奇石形成的历史。以下作简要介绍。

一、"形"派奇石的主要种类

"形"派奇石的种类特别丰富，其主要石种有古代的四大奇石（灵璧石、太湖石、英石和昆石）以及近年来新发现的奇石，如戈壁石、博山文石、吕梁石、九龙璧石、火山弹石等。在四大奇石中，赏玩灵璧石的人最多。

二、"形"派奇石的代表石种、产地与名石

"形"派奇石的代表石种，当然是居于四大名石之首的灵璧石，其产地在安徽省灵璧县渔沟镇。灵璧石的种类最齐全，主要有八大类：即磬石类、珍珠石类、图案石类、纹石类、花山玉类、龙鳞石（碗螺石）类、五彩灵璧石类、白灵璧石类等。同时，灵璧石能给当代赏石者以不同的体验，它既有"形"派的奇石，又有"色"派的奇石，还有"图"派的奇石。其中灵璧石的石形最全面，既有"或成物状"的具象美，又有瘦、漏、透、皱"或成峰峦"的意象美（见图6-5），还有呈现几何形状的抽象美。因此，灵璧石适宜摆放在书房、卧室、客厅、庭院、别墅、园林、广场等所有场合。历史上比较有名的灵璧石有苏轼收藏的"小蓬莱"、范成大的"小峨眉"、赵孟頫的"五老峰"、李煜的"灵璧研山"等。

"形"派奇石的另一代表石种是太湖石，其产地主要分布于江苏太湖的禹期山、鼋山、洞庭等处，其石形最能体现瘦、漏、透、皱诸美，最

适宜摆放在园林中。历史上比较著名的太湖石有"六大立石",即冠云峰（苏州留园）、玉玲珑（上海豫园）、绉云峰（杭州花圃掇景园）、瑞云峰（苏州十中）、仙人峰（南京瞻园）、青芝岫（北京颐和园）。

三、"形"派赏石理论体系要点

有文字记载以来,宋朝米芾第一次提出了瘦、皱、漏、透的赏石要点,这是"形"派赏石理论的奠基石。宋朝苏东坡提出了"丑石观",清朝郑板桥在此基础上具体为"丑而雄、丑而秀","形"派赏石理论的内涵得以扩大,以后又有不少赏石名家提出了有益的补充。

"形"派赏石理论的研究重点是审美客体,即对奇石的分析研究。对奇石"形"的研究内容主要包括以下七个方面:一是奇石的产地、成

图6-5 《玉台浮云》 灵璧石 69cm×39cm×52 周克平 藏

因、成分以及它的主要特征；二是奇石天然与否的鉴别；三是奇石的命名、配座；四是奇石具象形式的分析研究，主要是研究它的形式美与神韵美，研究重点是具象类奇石艺术品的形式，即生命的形式。五是奇石意象形式的分析研究，主要是研究它的形式美与意境美，研究重点是意象类奇石艺术品的形式，即"有意味的形式"。如图6-5《玉台浮云》。六是奇石抽象形式的分析研究，主要是研究它的"非形式"与"纯情感"之间的关系，研究重点是抽象类奇石艺术品的形式，即蕴涵"纯情感"的整体形式结构。七是赏石者对奇石形式里蕴涵意义的领悟、创造。

　　具象类奇石形式里所蕴涵的神韵，弥漫着生命的活力，蓬勃着生命的朝气，具有"大美"的价值。意象类奇石的有意味的形式里所蕴涵的意境，能让赏石者的心灵得以"诗意地栖居"，达到自由精神的目的，具有"大道"的作用。抽象类奇石形式里所表现的"纯情感"，更符合现代人的节奏、情感、欲望，具有深层的影响。

　　总之，笔者以上所述的中国奇石界三大流派的提法是否妥当、科学，还有待时间的验证与石界同仁的认可。同时，笔者在阐释这三大流派时，没有也不敢忘记其他赏石流派的存在，比如海派赏石文化等。不仅如此，即使是在同一赏石流派中，也存在着喜爱、珍藏其他类流派奇石的情况。事实上，即使是同一赏石者，如果经济条件许可，艺术眼光具备，就有可能既珍藏"形"派的奇石，又珍藏"色"派的奇石，还珍藏"图"派的奇石。因此，笔者在这里所说的中国奇石界的三大流派的本意是，它只是一个区域性的大多数赏石者的赏石审美取向而已。

相关链接二：

中国奇石界三大流派的文化渊源

　　源远流长的中国传统文化，主要包括儒教文化、道教文化与佛教文化。道教文化、佛教文化分别以超越狭隘功利的自然无为、心灵顿悟的方式，达到内心与外界的平衡或超脱，而儒教文化则以积极入世的态度，把不走极端、崇尚调和的中庸之道提高到了"尽善尽美"的道德境界，其精髓在于礼，"礼之用，和为贵"，它可以"经国家、定社稷、序于民、和后嗣者也"。渐渐地，儒教文化受到统治者的重视，秦、汉以来，它成为中国传统文化的主流。

　　在传统文化的浸润下，中华民族的心态与审美趋向大致成形。一方面，在社会心态上，主要以儒教的中和精神为心理图式，整体表现出重视人生、关心社会的思维倾向；另一方面，在艺术意境上，以道、禅艺术风韵为特色，通过"天人合一"的模式，把中和精神与道禅风韵揉合在一起，创造出似有若无的朦胧美、含蓄幽雅的审美意境。

　　自古至今，中华大地上的某些特定区域也形成了不同的地域文化，即某些特定地域的物质财富和精神财富的总和，它是特定地域群体的文化认同所形成的"想象共同体"。由于国内不同地区拥有不同的奇石资源，因而吸引着不同的赏石群体，而不同的赏石群体在不同的地域文化熏陶下，其审美潜意识、审美习惯、审美追求也会不同，因而会形成不同的赏石流派。本文试着从文化的角度，来解读这三大奇石流派的起源及内涵。

第一节　在传统文化、西方文化滋润下的中国奇石界"形"派

　　受传统文化的影响，我国石文化对奇石"形"的研究最早，因此，中国奇石界的第一大流派"形"派得以最早形成。由于文化的传承关系不

同、奇石的形式不同、赏石者的审美观不同，中国奇石界的第一大流派"形"派有以下三个分支，即奇石的意象形式、奇石的具象形式以及奇石的抽象形式。

一、奇石"形"的意象形式的文化渊源——传统文化

我国的传统文化重视心物感应，倡导意境独创，强调象征写意，讲究意会妙悟。中华民族有着"天人感应"、"天人合一"的思维传统，常常把自然人格化、道德化，把情感物态化。因此，在传统文化的影响下，

图6-6　《三重天》　灵璧石　39cm×53cm×76cm

我国石文化最重视的是奇石形式所蕴涵的内在精神的传达与赏石者主观情感的表现，它所追求的是主体与客体的统一、精神与外物的统一，是赏石者看着石头"不着一字，尽得风流"的妙悟境界。在具体赏石时，能够使赏石者产生物我交融的诗化意境的奇石，其形式则大多是意象形式（见图6-6）。所谓奇石的意象形式，就是指奇石的外部形态极富诗情画意，符合赏石者的意中之象，它的形式与赏石者的心灵世界有某种联系，能给赏石者留下许多言外之意、境外之情、情外之趣。

奇石"形"派中的意象形式大多表现为山峰、河流、云朵等，如苏州留园的《冠云峰》等。从流传下来的文字资料看，我国的石文化研究是从鉴赏奇石的意象形式开始的。宋代书画家米芾第一次系统地提出了"瘦、漏、透、皱"的赏石理论，其影响深远。一方面，从美学价值上看，一个"瘦"字揭示了中华民族的审美精髓。汉代的赵飞燕"身轻若燕，能作掌上舞"，女子以"瘦"为美的风气愈演愈烈；宋徽宗的书法，笔画细瘦，特立挺拔，有些联笔字俨然游丝行空，舒展自由，被世人称为"瘦金体"；李清照的三首词中有三个"瘦"字，如《点绛唇》中有"露浓花瘦，轻汗薄衣透。"《如梦令》中有"却道海棠依旧，知否、知否，应是绿肥红瘦。"《醉花阴》中有"莫道不消魂，帘卷西风，人比黄花瘦。"如今电影导演张艺谋为其电影挑选的"谋女郎"都是以"瘦"为标准的。因此，中国艺术强调，外枯而中膏，似淡而实浓。朴茂沉雄的艺术生命，应从瘦淡中撷取，"笔尖寒树瘦，墨淡野云轻。"另一方面，从传统文化角度看，一个"瘦"字还包含了一种精神内涵。奇石意象形式的"瘦"，如苏州留园的《冠云峰》，它体态挺拔，独立高标，"瘦"见筋骨，蕴含着浩然正气，这与儒教文化的"修身"理念相吻合。同时，它有野鹤闲云之情，超然物表，不落凡尘，这又具有道家的风范。"漏、透"是指意象类奇石形体上的孔、洞、穴，它们能给人以玲珑的美感。"皱"则是指意象类奇石形体上的纹理，犹如国画的各种皴法，能给人一种音乐般的节奏感和韵律美。当然，米芾的"瘦、漏、透、皱"这四个字还可以给不同的人以不同的启迪，比如一个人如何在复杂的环境中既要自由自在、如鱼得水地生存、发展、壮大，又要坚守自己的原则，成就英雄本色。

今天，很多的赏石大家在"瘦、漏、透、皱"之后又加了几个字，有的人加的字还很多，长长的一大串。同时，现在还有一些人，提出了"形、质、色、纹"的赏石观点，听说很流行，大有代替"瘦、漏、透、皱"之势。笔者认为，赏石是一门很深的学问，是一个庞大的理论体系，不是几个字就能代替、概括得了的。

二、奇石"形"的具象形式的文化渊源——传统文化、西方文化

奇石的具象形式指的是奇石的外部形状、形态与外部现实世界的物象之间有某种指称性关系。它大多表现为人物、动物、植物以及其他物象。

我国几千年来的传统文化，使赏石者形成了一种思维定式。如果要收藏一块具象类的奇石，就要收藏大众熟悉的、含有吉祥寓意的奇石。比如人物类的奇石，大家都想买一块和某个著名人物的形象很相似的。比如动物类的奇石，大家都想挑选一块和龙、凤、狮、虎、鹿、羊、鹤、鱼、麒麟、蟾蜍、喜鹊、蝙蝠、蝴蝶、鸳鸯、

图6-7 《艺伎》 灵璧石 18cm×21cm×66cm 张和平 藏

"四神"以及"八宝"等的形状很相似的。同时，我国的传统文化还特别注重模糊化的思维，具有重内省、轻实验的特点。与此相适应，在人物、动物、植物以及其他物象类奇石的选择上，大多轻外形、重神韵，即特别强调略貌传神。

但是，具象类奇石的神韵美，是建立在它具体可感的具象形式上的（见图6-7）。没有一定的具象作为基础，它也就不会使人产生美感，更不会有神韵。而西方文化则特别注重外观的逼真、节奏的和谐、比例的匀称、关系的协调等。因此，他们总结出的形式美法则，完全适合于今天

图6-8 《飘》 灵璧石 56cm×29cm×45 金建华 藏

的赏石者对于具象类奇石的审美。由此看来,赏石者将西方文化重视的形式美法则与东方传统文化注重的神韵美有机地结合起来,就能发现具象类奇石的美的形式,以及蕴涵在这美的形式里的生命律动与张力。

三、奇石"形"的抽象形式的文化渊源——现代文化

奇石的抽象形式,指的是奇石的外部形态呈现出几何状、自由态(见图6-8)。一方面,从形式上看,奇石的抽象形式常常把人带到一个陌生的、疏远的世界,它不具体像什么,与外部现实世界的物象之间没有什么指称性关系,同时,它的形式又与赏石者的心灵世界毫无瓜葛。另一方面,从赏石者直观的观感来看,奇石的抽象形式常常会让人产生诸如莫名其妙、不安、孤独、纷乱等感觉,因为奇石的这种抽象形式,与我们传统文化的审美观念是相背离的。"在传统艺术中,人们一直理所当然地认为:一切艺术的重要作用在于传达关于世界本来面目的信息,以及虚幻想象世界的信息;同时人们认为,被传达的信息的准确和完整,再现和被再现对象之间的一致的精确,都是完美的再现艺术的标准。"⑦

但是,奇石的抽象形式,如图6-8《飘》,又是与西方的现代文化与审美追求相一致的。西方现代文化、艺术和审美的主导趋势是"抽象",即强调语义信息(指称外部现实的信息)的不断减少,直至消失。同样,没有语义信息或语义信息的极度减弱,正是奇石抽象形式的最显著特征。

第二节　在台湾地域文化影响下的中国奇石界"图"派

我国的传统文化与艺术具有贵含蓄,讲究余音缭绕;重意会,强调回味无穷的特征。在绘画上,提倡神龙"见首不见尾",要"露其要处而藏其全"。画山高,则要"烟云锁其腰";画水远,则要"掩映断其脉";画人物,则要轻外貌,重神韵。

在传统文化的滋养下,台湾地区的原住民文化与近代西方海权文化、闽粤文化、日本文化、现代西方文化等融合在一起,形成了独具魅力的台湾地域文化。1949年，国民党败退台湾后，再次把中国传统文化全盘移置到台湾。特别是20世纪90年代以来，台湾地域文化吸纳了更多的外来文化元素，内容更为丰富。受传统文化、台湾地域文化的影响，台湾的石文化研究，特别是图案石研究取得了令人惊叹的成就。

台湾南田图案石，其石筋（石英脉）构成的图案往往是混乱的、令人迷惑的，一般赏石者很难咀嚼出"个中三昧"。但是，由于石筋是天然生成的，仿佛中国画一般表现出变化无穷的线条情趣，因而极具吸引力。台湾南田图案石的石筋与构图具有以下三个突出的审美特征：一是有的石筋细劲，图案犹如素描。二是有的石筋呈片、块状，图案犹如中国绘画大写意一般的酣畅淋漓的水墨抒写，虽不具透视效果但却有立体感。那浑重而清秀、粗犷而含蓄的大片淡淡变化，形成了一种独特的情调气氛。三是有的石筋呈几何状，廖廖可数，再配以面积大小不同，形状各异的黑底色，它们所形成的图案极具简约、抽象的意味。

第三节　在岭南文化熏陶下的中国奇石界"色"派

岭南文化由本根文化与百越族文化、中原文化融合，与西方文化交流而发展起来的。近代以来，岭南成为中国人看世界的窗口，成为中、西文化的交汇点和碰撞点。在接受我国传统文化之前，岭南地区就已经拥有了自己独特的审美观念与审美能力。同时，该地区在长期与海外的交往中，充分地吸收融合了东南亚、非洲、西方等地的审美观，形成了最具特色与活力的岭南文化。西方现代艺术以自我创造为主旨，如抽象画派的创始人、俄国的康定斯基就主张取消物体的固有形态，抛弃画面的客观因素，他的《构图七号》便只是一团动荡混乱的线条和色彩。抽象画派的构成主义大师、荷兰的蒙德里安就主张运用纯粹的三原色和"格子式框架"等中性形式因素，以实现表现固定关系的艺术文化，他的《红、黄、蓝的构成》便是代表。在岭南文化与现代艺术的熏陶下，当地人的审美与西方现代的审美较为接近，他们比较注重面目一新的色彩。全国有名的岭南画派，就是以色彩鲜丽而见长的，学之者众。

同样，该地出产的奇石，其石"色"特别诱人，比较著名的石种有蜡石、大化彩玉石、三江彩卵、彩陶绿釉石等。岭南地区的"色"派奇石，其不同的石色组合在一起能产生以下三个方面的抽象意味。

第一方面，节奏。它表现在：石色随着石形的波动而具有的明暗变化，如梁向阳先生的黄蜡石《江山多娇》（广西柳州《赏石》杂志，2006年10月号第121页），其黄的石色可以细分为明黄、蜡黄、棕黄、嫩黄等，阳光下现出流动美。不同石色的协调交替，如郑树谒先生的大化石《金山》（广西柳州《赏石》杂志，2006年10月号第77页），其石色黄中透红、黄中透白、黄中透黑，石色层次丰富而又协调，很有西洋画的透视效果。冷暖石色的强烈对比，如陈礼祥先生的三江红彩玉《火的记忆》（广西柳州《赏石》杂志，2007年第7期第41页），神秘庄重的黑色石肤上，几团仿佛抹上的红色，如黑暗中跳动着的火焰，极富抽象画的韵味。

第二方面，纯情感。即对一件不具有再现或联想涵义的形式特质的情绪反应。蜡石、大化石的黄石色是太阳色，寓意吉祥、富贵。两千多年来，它为我国的统治者所专用，因而极具神秘色彩。三江彩卵的石色红的热烈，如跳动的火焰，再配以黄色、黑色等，能给人的视觉以震撼力。这些由纯粹的色彩所唤起的情感，就不是个人的、日常生活的情感，而是一种抽象的"纯情感"。

第三方面，传媒符号。人们对于石色的感知和联想，赋予了色彩指定的或象征的意义，使色彩成为人类独有的传播信号和视觉传媒媒介。比如美国"可口可乐"标志的红色，洋溢着青春、健康、欢乐、向上的气息；"柯达"胶卷标志上的黄色，则充分表现出色彩饱满的产品特征。

综上所述，中国奇石界的三大流派是在不同文化的影响下先后形成的。受传统文化的滋润，中国奇石界的第一大流派，即"形"派中的一个分支意象派最先形成。其后，在传统文化、现代文化特别是西方文化的灌溉下，"形"派中的另外两个分支具象派、抽象派也形成了。同时，由于不同地区的奇石资源不同，在不同地域文化的沐浴下，台湾地区形成了中国奇石界的第二大流派"图"派,广东、广西等岭南地区形成了中国奇石界的第三大流派"色"派。

　　中国奇石界的这三大流派,洋洋洒洒,既有意象"形"的"有意味的形式",让"人诗意地栖居",又有具象"形"的"生命的形式",使人如沐春风,焕发活力,还有抽象"形"的几何状、自由态,以及石"色"的抽象意味,图案奇妙的"纯构图"。这三大奇石流派,既相互联系,内涵丰富,植根于浓厚的文化土壤里,又各自独立,异彩纷呈,表现为不同的审美世界。

①徐书城:《线与点的交响诗》,载滕守尧主编:《美学》,2006年版。

②马克思、恩格斯:《马克思恩格斯全集》,人民出版社1963年版。

③梁向阳藏,载《赏石》杂志,2006年10月号。

④陈礼祥藏,载《赏石》杂志,2006年10月号。

⑤⑥王秋朗藏,载台湾《石之艺术》杂志,2005年第104期。

⑦牛宏宝:《西方现代美学》,上海人民出版社2002年版。

第七章　奇石自身形式召唤力之一：简单性

　　奇石自身形式具有"形"、"色"、"图"三大召唤力。那么，它们为什么具有这些召唤力？或者说，奇石自身形式的三大召唤力的源泉有哪些？郑板桥认为："米元章画石，曰瘦，曰皱，曰漏，曰透，可谓尽石之妙矣。东坡又曰，'石文而丑，一丑字则石之千态万状，皆从此出。'彼元章但知好之为好，而不知陋劣之中有至好也。东坡胸次，其造化之炉冶乎？燮画石，丑石也。丑而雄，丑而秀。"由此可见，前人在绘画或观赏奇石时，比较注重其美或丑，这些观点还是稍显狭隘了些。所谓奇石，就是具有意向性的天然石头。换句话说，奇石之所以具有召唤力，其源泉就在于它的自身形式具有意向性。奇石自身形式的简单性、动势以及有机结构里都蕴涵着丰富的意向性，它们具有"涉及、表现、关于、指向它之外的事物的性质和特征，类似于镜子能照物的性质，但复杂程度要高得多。这主要体现在：作为意向性的性质不仅有指向性，同时还有目标性、自觉的相关性或觉知性或自意识性"①。因此，本章将重点探索奇石自身形式召唤力的源泉之一：简单性。

第一节　为什么简单性是奇石自身形式召唤力的源泉

　　简单性法则的内涵是：以最小的材料、最经济的形式达到最大的容量。为什么形状天然、具有简单性特征的奇石自身形式"形"、"色"、

"图"是其召唤力的源泉呢？一方面，具有简单性的奇石自身形式，它们易于被观赏者瞬间捕捉，能够给观赏者带来一种轻松的审美感受，审美快感与直观同时发生，这种审美的快感是一种单纯的愉悦感，不需要审美中介的转换。它"不像欣赏屈原的《离骚》那样，要经历一系列情感的积淀才能从作者的悲愤中形成愉悦感，也不像欣赏李商隐的《无题》那样需要理性的参与"②。同时，简单性也吻合了人类审美心理的结构，格式塔心理学认为："知觉活动本身有一种压倒一切的倾向——简化倾向。""可以说，审美创造主体从想象、思维、评价等心理活动到整个实践活动，都具有简单化的倾向，这种倾向因来自生物进化过程中的适应和人类改造世界活动中的实践而根深蒂固，无怪乎对称、均衡、圆等简化形式会使人产生美感了。"③另一方面，具有简单性的奇石自身形式，其形体往往具有单纯的特征，单"色"具有纯净的特征，简"图"能够虚实相生。

因此，这些具有简单性特征的奇石自身形式里往往蕴涵着隽永的情味，隐藏着深邃的思想，因而能够产生吸引人的召唤力。

第二节 简单性的具体表现

简单性，在"形"派奇石、"色"派奇石或"图"派奇石中的具体表现是各不相同的。在"形"派奇石中，简单性表现为单纯，即在单纯中见丰富，因此，单纯是奇石自身形式的"形"具有召唤力的源泉之一。在"色"派奇石中，简单性表现为单色的纯净，因此，纯净是奇石自身形式"色"具有召唤力的源泉之一。在"图"派奇石中，简单性表现为虚实相生，因此，虚实相生是奇石自身形式"图"具有召唤力的源泉之一。

一、石形的单纯是"形"派奇石具有召唤力的源泉

首先需要重点强调的是，"形"的单纯即简单性并不是指"形"派奇石"形"的单调，而是指其具有概括、集中、凝练的特点。

天公地母所创造的奇石，其每一块天然形状的背后，都有会一个原

形。每一个原形的背后，可能都蕴涵着一个故事，而每一个故事里，都寄托着观赏者的美好愿望、追求与理想。因此，与原形相比，具有单纯特点即简单性的"形"派奇石，其之所以是"形"派奇石召唤力的源泉之一。这是因为：一是单纯的形状具有高度的概括力。与原形相比，"形"派奇石自身形式的表现力明显滞后，有的显得很笼统、模糊，有的更似是而非。但是，在表现原形的基本特征、个性诸方面，奇石天然形状的概括力则具有特别

图7-1　《李白遗物》　广西彩陶石
19cm×9cm×21cm　王辉 藏

的优势，即它具有寓普通于特殊、寓共性于个性、寓一般于个别的优势。如《李白遗物》（见图7-1），奇石是上小下大的酒坛形状，饱满而浑厚的体型，不惹眼显得普通的黑灰二色，所有这些特征都很简单，但是却具有高度的概括性。相反，酒坛子的其他部位就比较模糊了，有的根本就没有，比如酒坛子的罐耳等。二是单纯的形象具有高度的集中性。在表现某一事物的局部、侧面、关键部位，或者是展现其精神面貌和风采方面，"形"派奇石单纯的形象则具有明显的长处。《青云峰》（见图7-2），该奇石立点小，高122厘米，但它宽与厚相当，最细处的周长只有50厘米，尽现"瘦"之形；山顶有洞一个，孔两个，中下部有大孔小穴七个，这些孔、洞布局巧妙，尽显漏、透之态。山顶石皮细腻而圆润，犹如青铜所铸，尽现铁骨铮铮的浩然正气，而中部和下部的石皮在阳光下又有皱的美感。同时，该奇石石皮上有很多大小、粗细不等的白色石筋，犹如一道

图7-2 《青云峰》 灵璧磬石
39cm×39cm×139cm 徐有龙 藏

道缠绕着的白云。不仅如此,该块奇石的顶部又仿佛是一尊昂首的羊,喜庆而吉祥。这些不同的美集中地熔于一炉,使得恰似"青云直上"的该块奇石既雄奇险峻又空灵秀雅,具有高度凝练的特点。与原形相比,奇石自身形式之"形"更简洁,面面俱到的细节没有了,但是,它的整体感却更加突出了,形象更加鲜明、生动了,具有凝练的特点,观赏者一眼就能够看得出来。《望乡台》(见图7-3),其流畅的抽象形态极具凝练的特征。

当然,"形"派奇石召唤力的源泉还体现在其形状的具象、意象或抽象上,同时,奇石形态的动势表现,奇石形象"包孕性顷刻"的神韵美、意境美或纯情感等,它们都是奇石自身形式"形"的召唤力之源泉的具体体现。

二、石色的纯净是"色"派奇石具有召唤力的源泉

石色的纯净即简单性能够给人们带来美感,如春天桃李的绯红、夏日荷叶的翠绿、秋季菊花的金黄、冬天冰雪的洁白等。那么,石色的简单性呢?它也能够给观赏者带来某种意向性吗?在此想通过灵璧磬石表面简单性的黑色来探讨这个话题。

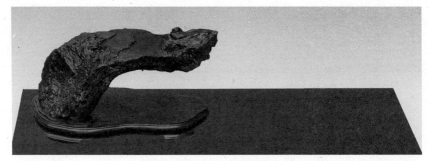

图7-3 《望乡台》 沙漠漆 39cm×23cm×19cm 吕耀文 藏

1.黑色具有神秘感

古语说："天地玄黄。"因此，天是黑的。"晦冥的黑色是天顶，是天地之座，是天国之色是超越了生界和死界的颜色。因此，在黑色中蕴涵着神秘世界的全部色彩"④。由此可见，灵璧磬石表面单纯的黑色具有神秘的魔力。

2.黑色符合"道家"的追求

"道"的本质是"无"是"虚"，道家认为："五色令人目盲。"而老子所说的"玄"，则是他们推崇的本质的美、简朴的美。灵璧磬石表面的黑色是与玄色最相近的、最朴素的颜色，它超越于各种颜色之上，是各种颜色的母色，这种石色能够给有一定文化修养的观赏者带来一种精神上的美感。

3.黑色容易使人达到"禅宗"的境界

禅宗追求以自我精神解脱为核心的适意人生哲学，自然适意、不加修饰、浑然天成、平淡悠远的闲适之情成为他们追求的最高艺术境界。因此，灵璧磬石表面的具有单纯、朴素、清雅等特性的黑色，正好与一部分高水平赏石者的休闲习性相吻合，它可以排除观赏者的火气、浊气和俗气。

笔者经常在思考，故乡出产的灵璧磬石，其石色"灰不拉叽"的，它有什么资格被乾隆皇帝称之为"天下第一石"？千百年来，它纯净的石色与千姿百态的形状又为什么能被赏石行家视为最爱？经过二十余年的玩石、赏石、藏石的经历和思考，发现灵璧磬石表面的石色，其粗看上去是单一的黑色，其实，它可以分为墨黑、黑、灰、灰白、白等不同的层次，犹如国画中变化丰富的墨色，如图7-2《青云峰》就是这样的奇石。

在我国历史上，墨色之所以一直是文人、画家最宠爱的颜色，一是因为尽管国画采用的颜色只有墨一种，似乎很简单，但是墨的浓淡变化非常大，有墨分五色之说。它可以酣畅淋漓地表达出创造者的感受，比如宋朝的米芾、元朝的赵孟頫、清朝的恽南田和华新罗等，他们的山水画、花鸟画，至今看来还是水汪汪的，清而有神、润而生辉，使观赏者能深入画里，想象着这些画面里隐藏着的许多的事物。中国书画里的墨色，仿佛是大自然里各种颜色在大气中浑然天成的一种玄色，故而神韵生动。历代书画家用墨也都非常有个性，如刘墉喜用浓墨，王文治喜用淡墨，黄宾虹作画常用宿墨，吴昌硕写石鼓文喜用焦墨，虚谷每每用破笔干擦，间或掺以混墨渲染，故其墨色独特。因此，由于受到潜意识的影响，人们对灵璧磬石表面的单纯而多变的黑色具有特殊的亲和力。

同样，世界各地奇石表面的不同的纯净单色，它们也同样是其自身形式召唤力的源泉。比如红灵璧石表面纯净的红色，能够给观赏者带来一种热烈兴奋的召唤力；乌江石表面纯净的绿色，能够让观赏者冷静、稳定。同时，这些奇石表面纯净单色的不同层次也具有很强的召唤力，比如黄色的大化石（见图7-4），其鹅黄、红黄、黄红等不同层次，能够使人形成一种积极的、进取的召唤力。

当然，奇石表面的"双色"，比如广西彩陶石表面的黑与绿或是黑与灰，如

图7-4 《燕台》 大化石 33cm×19cm×22cm 徐有龙 藏

图7-1《李白遗物》，它们同样具有不同的召唤力。奇石表面的"多色"，比如广西的大化石、安徽灵璧的五彩色，它们表面的不同石色同样能够表达某种思想，有着某种意蕴，是美的召唤力的源泉。

三、图案的虚实相生是"图"派奇石具有召唤力的源泉

简单性在"图"派奇石里体现为虚实相生。"图"派奇石的虚实相生指的是奇石自身形式之点、纹、筋等构成的图案中的"实"与"虚"之间所产生的审美效果，是一种情趣在图外的韵外之致、景外之境、题外之旨。"图"派奇石"图"的虚实相生包括两个方面的内容：一是奇石表面的图案与其空白之间的对比相生；二是"图"派奇石的整体与其外部的虚实互见。

在艺术的长河里，那些中外著名的艺术家们，他们都是营造"虚"的艺术形式的高手，而由他们所创造的那些经典的艺术作品，无一不是以"虚"来表现"实"的典范。宗白华先生在《中国美学史中重要问题的初步探讨》一文中指出："中国画很重视空白。如马远就因常常只画一个角落而得名'马一角'，剩下的空白并不填实，是海，是天空，却并不感到空。空白处更有意味。"既然"虚"对于艺术品来说是如此的重要，那么，对于奇石来说，它的"虚"的所指与能指又具有哪些特点？它的"实"的简单性有哪些具体的表现？它的"虚"与"实"又是如何对比相生的呢？

"图"派奇石"实"的简单性表现为其构成图案的主体，往往是一两个点（珍珠）、一两道石纹或一两道石筋，但是，它们与其他部位的"空白"所产生的"虚"则具有惊人的容量，这也如同中国画中的空白，它强调的不是对象实体，而是主观的情感、精神、思想和意蕴。

《王者香》（见图7-5），该块奇石表面上的两道石筋，仿佛是两枝兰叶，它与该块奇石表面的其他"空白"部位对比相生的情趣，有一种"清淡闲雅"的味道。当然，不同的观赏者对此会有不同的解读。

与奇石表面图案和其空白之间的对比相生不同的是，"图"派奇石的这一整体，它与外部也能够实现虚实相生。比如一块易水卵石上面的波纹，就具有派生的意向，它使王朝闻先生联想到了川剧《三难新郎》，

中的情节，"新娘苏小妹出了个
上联'闭门推出窗前月'，新郎
秦少游苦于对不出下联。这时，
苏东坡以一小石投池，调动了新
郎的联想，才对出下联'投石冲
开水底天'。"⑤

第三节　其他随想

一、关于奇石上的摆件

一些玩石者喜欢给奇石自
身形式增添人为的"有"，比如
有的人喜欢在像佛的奇石上挂
串佛珠；有的人喜欢给"避雨"

图7-5　《王者香》　黄河石
44cm×9cm×21cm　吕耀文　藏

类的奇石上摆放两个下棋的泥人或手持鱼竿的渔翁。更有趣的是，《中
华奇石》杂志2010年第5期第40页的《沙漠之舟》、第54页《鹦鹉》、第55
页的《远行》，它们都以醒目的"绳子"作为小品组合的"黏合剂"。当
然，这种做法大家都能够理解，即这些玩石者唯恐别人不理解他这块
宝贝或组合的寓意，加个"摆件"意在提示而已。然而，这些"小饰品"或
"小摆件"，给奇石自身形式人为地增添了"有"，其实是妨碍了它自身
形式召唤力的喷涌，妨碍了人们对它自身形式多义美的解读。笔者认为，
还是去掉这些"小饰品"、"小摆件"的好，还奇石一个简单的形式，还奇
石自身一个朴素的"有"！

二、关于艺术品的当代发展

19世纪末叶，法国著名雕塑家罗丹在为文学家巴尔扎克创作雕像
时，不但阅读了许多相关的资料，亲自到巴尔扎克的故乡采访，而且还
专程去找当年为他制衣的老裁缝。经过艰苦的努力，几年间易稿四十多
次，最后终于创作了穿着睡袍正在漫步构思的巴尔扎克塑像。但是，当

他的学生特别关注巴尔扎克那双手时，罗丹毫不犹豫地将那双手隐去了。罗丹为什么要隐去那双手？笔者认为，其理由只能是：最伟大的艺术品，其形式只能是最具有简单性的。艺术品的当代发展方向，应该是用最简单的形式去创造具有无限性容量的艺术品，而不应该去追求刻意的东西。

三、关于人类的欲念

简单性应该作为人类的最高追求，物质上的自给、自足，精神上的民主、自由，如此而已。那些贪得无厌的物质追求者、权力追求者，都是社会祸害的根由，人类幸福的天敌！

总之，简单性作为奇石自身形式召唤力的源泉之一，它能够很容易地使"形"派奇石、"色"派奇石和"图"派奇石形成一个"中心"，从而使观赏者一眼就能够感知它、喜爱它。同时，具有简单性的奇石自身形式，它还能够让赏石者从中产生大中见小、小中见大、虚中有实、实中有虚、或藏或露、或浅或深等联想与美感。不仅如此，我们更可以通过奇石配座、展示、布局等，来充分地利用它自身形式简单性的"有无相生"关系，造成一种幻觉，生出一种奇境，以便"通望周博，以畅远情"。

---

①高新民：《意向性理论的当代发展》，中国社会科学出版社2008年版。

②徐放鸣：《审美文化新视野》，中国社会科学出版社2008年版。

③陈大柔：《美的张力》，商务印书馆2009年版。

④高原：《我审美，我存在》，兰州大学出版社2006年版。

⑤王朝闻：《石道因缘》，浙江人民美术出版社2000年版。

第八章 奇石自身形式召唤力之二：动势

　　奇石自身形式召唤力的源泉，除了简单性之外，还有动势表现。有的赏石者可能会认为，世界各地的奇石，它们或深藏于地下、江底，或散落于河边、沙漠，其表面的"石色"、"图案"或立体的"形状"何曾有过变化？据此，这部分人认为，奇石自身形式的"动势"是不存在的。然而，王朝闻先生却认为："动势作为人们对石头形态的特殊感觉，它与艺术的联系基于自身的美；这样的美，不是观赏者主观随意地幻想出来的，也不是主观条件不同的观赏者都能敏锐地感觉到的。"①

　　因此，奇石自身形态的动势不仅是客观存在的，而且是不以人们主观意志为转移的。奇石自身形式的动势不仅表现在奇石自身形式之"形"上，有可能还表现在它自身形式之"色"上，有可能还表现在它自身形式之"图"上。

　　当然，奇石自身形式三大召唤力之源泉的这些动势表现，它们也是具有差异性的。比如"形"派奇石，其动势表现主要在其"形"的"包孕性顷刻"上；"色"派奇石，其动势表现主要在其双"色"的对比与调和上；"图"派奇石，其动势表现主要在其"图案"的平衡式构图中。至于主观条件不同的观赏者，他们能不能观察到奇石自身形式的这些动势，或是敏锐地捕捉到奇石自身形式的这些动势，这需要赏石者的感悟。

第一节 "形"派奇石的动势表现

"形"派奇石石形的动势集中体现在"包孕性顷刻"上。而"包孕性顷刻"这一观点属于美学概念,是由18世纪德国美学家、文艺批评家莱辛在其美学著作《拉奥孔》中提出的美学理论,常见于绘画、摄影、诗歌、文学的评论中。莱辛提出:"绘画、雕刻属空间艺术,它受空间规律的支配;诗是时间艺术,它受时间规律的支配。一切物体不仅在空间中存在,而且也在时间中存在。物体持续着,在持续期中的每一顷刻,可以显现不同的样子,处在不同的组合里。每一个这样顷刻的显现和组合,是前一顷刻的显现和组合的后果,而且也能成为后一顷刻的显现和组合原因。绘画在它的并列的布局里,只能运用动作的一顷刻,所以它应该选择孕育最丰富的那一顷刻,从这一顷刻可以最好地理解到后一顷刻和前一顷刻。"

对于"包孕性顷刻",莱布尼兹指出:"现在包孕着未来而负担着过去。"所以,有人说,在生活的长河中,时间的每一顷刻都是背着负担而怀着胚胎的。在具体的人生经验里,每一顷刻又有其不同的价值和意义。它所负担的过去或轻或重,或求卸不能,或欲舍不忍。它所包孕的未来有的尚未成熟,有的即可产生,有的是恰如期望的,有的是大出意料的。

因此,富有"包孕性顷刻","既是前一顷刻的显现和组合的后果,又是后一顷刻的显现和组合的原因。正因为如此,这一顷刻不能选在一种激情发展的顶点。到了顶点就到了止境,眼睛就不能朝更远的地方去看,想象就被捆住了翅膀,因为想象跳不出感官印象,就只能在这个印象下面设想一些较软弱的形象,对于这些形象,表情已到了看得见的极限,这就给想象划了界限,使它不能向上超越一步。"②

为什么说"形"派奇石石形的动势集中体现在"包孕性顷刻"上?或者说,为什么只有"包孕性顷刻"的动势才是"形"派奇石具有召唤力的源泉之一呢?奇石石形的这一"包孕性顷刻"的动势具有很强的意向

图8-1 《火麒麟》 灵壁磐石　158cm×50cm×106cm　吕耀文 藏

性，这种意向性能够让观赏者体验到生生不息的活力。如《火麒麟》（见图8-1），赏石者如果站在5米之外观看该奇石，其自身大多呈倾斜状的"石花"，犹如一团团正在燃烧着的火焰。石尾的上部，三朵形态各异的火苗比头部小但较背上大些，显得跳跃飞扬。身体中间的上部，两朵窜起的火苗呈马鞍状，显得很稳定。头部的这朵"石花"，特别硕大、俊美，洋溢着青春的活力。而它仰起的鼻子、上下唇、嘴巴等处的"石花"较小，大多呈翘起状，有一种特别令人喜悦的感染力。著名赏石家薛胜奎先生在观赏该石后曾赋诗赞曰："虚度四十陋室空，玩石还似小玩童。风光如此谁得似，造化自然鬼斧功。"

其次，奇石形的"包孕性顷刻"的动势，它能够使"形"派奇石拥有特别丰富的意蕴。当然，"动态和动势二词，亦不可混淆看待。前者指可见的客观现象，后者指不那么容易直观得出的主观意象。但就两者的共性来看，它们与静态的区别自然只在一个'动'字。对静止着的观赏石来说，把这个'动'字要求于其基本形时，石头的形态显示出'势'的曲折性和多向性"③。

　　奇石《嵩山吐月》（见图8-2），其秀美的山水造型如诗如画，而其山形的三种不同体态及其多样性，又意蕴丰厚。至于其顶部的洞，仿佛是通达天庭的门户。

　　最后，"形"派奇石石形的"包孕性顷刻"的动势，它能够连结着过去和未来，使观赏者从这一时刻去放飞想象。当然，不同地域的奇石，由于其质地、形成条件等各不相同，因此，它们自身形状的动势表现也是各不相同的。如太湖石、昆石，以瘦、皱、漏、透等来表现自身的动势；英石、戈壁石，以尖棱、锐角、漏、透等来表现自身的动势。但是有的石种，其自身形状的凹凸、多变等动势表现并不是很明显，如大化石、彩陶石、各种卵石等。至于有"天下第一石"美誉的灵璧石，其形状的动势主要表现在自身特有的"石花"（形状如波浪般的石条）上。

图8-2 《嵩山吐月》 灵璧磬石 106cm×47cm×46cm 吕耀文 藏

第二节 "色"派奇石的动势表现

作为中国奇石界三大流派之一的"色"派,其奇石表面的哪些石"色"能够给观赏者带来动感呢?我们可以回忆,在影片《红高粱》中,导演张艺谋赋予影片的基调色——红色。它不仅层次分明,而且还富有动势,处于不断运动的状态中,充满了无限的张力。更重要的是,导演还淡化了红色的传统象征性,赋予了红色野性的内涵。他不仅让高粱和夕阳是红色的,而且,还让汉子的身上和九儿的脸上也是红色的,并且,这不仅仅是镀上了一层红色那么简单,而是将那份野性发挥到了极致。

当然,与电影语言的"意向性"相比,奇石表面的石色语言要逊色得多。但是,王朝闻先生仍然会陶醉其中:"孤立地面对这些色彩各异的石头之某一块,还不会感到石色的强大魅力。当我把几块黄蜡石和几块猪肝色来宾石并列在一起观赏时,更觉得它们仿佛是同类的一群。尽管在面貌和颜色上差别不大,却好像戏曲里生、旦、净、末、丑诸行当的形象那样,彼此之间结合得既有对比又有照应,各具不能混淆的个性特征。因此我有一种假设,假如把这些石头作为略有高低的音阶看待,穿插地配合在一起,也许这些石色的差异变化可能引起一种无声似有声的音乐感。"④

由此可见,石色的差异变化即动势,它能够给观赏者带来一种音乐感。因此,探索奇石表面石色的差异变化,即具动势,这对于我们研究"石道"是很有益的,因为我们是在寻觅、探索奇石自身召唤力的源泉。

一、单色奇石的动势表现

主要表现在以下三个方面:一是奇石表面明度高的石色,它们能够让赏石者产生向前、朝气蓬勃、跃跃欲试的感觉。相反,明度低的石色,它们则给观赏者以后退的感觉。二是奇石表面暖色调的石色,它们能够给赏石者以向前的感觉,相反,冷色调的石色,比如绿、蓝、紫等石色,则给赏石者以后退的感觉。三是奇石表面高纯度色的石色,它们能够让赏石者产生向前的感觉。相反,低纯度色的石色,它们则让赏石者产生后退的感觉。

　　由此可见，奇石具有冷暖、纯度、明度的色彩变化，它们能够让观赏者产生前进、膨胀感，反之具有后退、收缩感。红、橙、黄等鲜艳的暖色调奇石，使人兴奋；绿、蓝、紫等冷色调色的奇石，使人沉静。

二、双色奇石的动势表现

　　双色奇石主要在其调和或是对比所产生的效果上。"色"派奇石表面色彩间的过渡，它们所具有的调和效果能够使整个的奇石表面产生一种色彩倾向的视觉动势。奇石表面的黄、红两色所产生的动势，具有一种色调和谐，深浅自然，同时又缤纷灿烂的美感。当然，色彩不整、边缘虚化的石色，它们的调和效果能够让赏石者产生后退的感觉。反之，色彩整的石色，它们的调和效果能够让赏石者产生向前的感觉。

　　"色"派奇石表面色彩间的对比，它们所具有的动势能够使整个的奇石表面产生一种强烈的色彩张力，比如清冷与温暖、鲜艳与朴素、活泼与稳静、灰暗与明快、轻盈与沉重等，这种色彩张力能够使奇石表面的主题更加鲜明、形象更加生动。

　　色彩面积大的对比石色，它们能够给赏石者带来向前的感觉；色彩面积小的对比石色，它们则给赏石者带来后退的感觉。有规则形的对比石色，它们能够给赏石者带来向前的感觉；不规则形的对比石色，它们给赏石者带来后退的感觉。

三、多色奇石的动势表现

　　多色奇石动势表现是

图8-3　《彩云台》　大化石
18cm×15cm×13cm　方乐胜 藏

最强烈的,也是最美的。它主要表现在多种色彩的对比、调和、变化、统一上,如奇石《彩云台》(见图8-3),其表面的红、黄、黑、白、褐等色,散发着朝霞般魔力。

第三节 "图"派奇石的动势表现

王朝闻先生很有幽默感,他在《石道因缘》一书中说自己的作品是"鬼画符",并以此来交换奇石,其中交换的那块长江卵石,他认为石纹很有动势美:"灰底色上的黑色波纹,其线条的粗细变化和疏密变化都很大,整体形态的流动感都很强。有些线与线之间也有凹下去的浅槽,所以引得起篆刻的阴刻和阳刻的联想。整体结构较完整,纹样的线头有多向性,并非单纯一圈套一圈的线纹,呈现着活泼的动势美。"

由此可见,由奇石自身形式的点(珍珠)、石纹、石筋等所形成的构图,是很有动势美的。

奇石图案的动势美主要表现在它的平衡式的构图中。所谓平衡,从哲学的角度来说,指的是矛盾暂时相对的统一。在力学里,平衡是指惯性参照系内,物体受到几个力的作用,仍保持静止状态,或匀速直线运动状态,或绕轴匀速转动的状态。因稳度的不同,物体的平衡可以表现为以下三种情况,即"稳定平衡"、"随遇平衡"、

图8-4 《风递幽香出》 灵璧珍珠石
27cm×8cm×4cm 吕耀文 藏

"不稳定平衡"等。

一、奇石图案"稳定平衡"的动势状态

奇石图案"稳定平衡"的动势状态的主要表现是由奇石自身形式的点（珍珠）、石纹或石筋，其形成的构图多是单一的，其动势多是相对静止的，需要观赏者以想象来补充。

奇石《风递幽香出》（见图8-4），其图案仿佛是"零落尘泥碾作尘"后剩下的几枝梅花，很静也很香。当然，奇石自身形式的"动势"与"静态"是相辅相成的、对立统一的。如果说奇石图案的"动势"与奇石自身形式的点、纹或筋的倾斜、扭曲等分不开，那么，它的"静态"则与其竖立、横向分不开。

探索"石道"，不仅要探索奇石形式的"动势"，更应该探索它的"静态"，而其"静态"对于赏石主体心灵的回馈则是更为根本的。古人王弼认为："凡动息则静，静非对动者也；语息则默，默非对语者也。然则天地虽大，富有万物，雷动风行，运化万变，寂然至无是其本矣。故动息地中，乃天地之心见也。"由此可见，天地是以"本"为心的，这个本就是"无"，也就是"静"。而奇石图案"稳定平衡"的动势状态虽然看起来是相对静止的，但它是不动之动，是一种动感或动势的"暗示"和"诱发"，是让赏石主体去设想它的运动方式。明末清初思想家王船山认为："静者，静动，非不动也。"

奇石自身形式"点"的"稳定平衡"的动势构图，其图案的方向多是竖立、横向的，图案的主角点（珍珠）多是一两个半球体、半圆锥体、半立方体、半圆柱体等。这样的图案构图虽然不具有强烈的动势，但是，观赏者通过想象仍然可以看出其中的静中寓动的魅力。

二、奇石图案"随遇平衡"的动势状态

宋代著名理学家朱熹认为："若以天理观之，则动之不能无静，犹静之不能无动也，静之不可不养，犹动之不可不察也。"因此，探索奇石图案"随遇平衡"的动势状态，就必然要关注它自身形式点（珍珠）、石纹或石筋的方向问题。

　　奇石图案"随遇平衡"的动势状态的主要表现是图案多呈直线状态，或倾斜状态，构图多是点（珍珠）、石纹或石筋的相同状态的重复排列。奇石图案由其自身形式石筋的简单排列构成，会给观赏者以纷至沓来的动感。

　　由此可见，倾斜的或横竖连续的多条石纹或石筋排列，或者是弯曲的连续多条石纹或石筋排列，或者是放射状的连续多条石纹或石筋排列，这样的排列，所形成的构图都能够呈现"随遇平衡"的动势状态，具有吸引人的动势美。

三、奇石图案"不稳定平衡"的动势状态

　　奇石图案"不稳定平衡"的动势状态是图案较复杂的，构成图案的点（珍珠）、石纹或石筋，其方向是多变的，其中尤以弯曲状、螺旋状为多。这样的构图能够给观赏者以强烈的动势感。奇石《金龙》（见图8-5），倾斜向上的金色"点"状石筋，再配上无数条同样倾斜向上的金色"线"状石筋，它们共同形成了金龙的龙首。而粗细不同的金色的圆形石筋，则仿佛是缠绕着的金龙身体。这些粗细不等、方向不同的金色石筋，构成了缠绕着的、正欲飞天的神龙形象。当然，对于该奇石表面上的倾斜状、扭曲状的石纹，每个观赏者都会有不同的解读。

　　奇石自身形式的点（珍珠）、石纹、石筋等，这些几何学理论上的空间形状的特性与意向性，与它们在实际赏石中的观赏者看法相比存在着的一定距离。它们一方面以自我的方式或抽象的方式来表现自己；另一方面，它们又总是指向性地关涉于某些具体的感性形象。

　　总的来看，由奇石自身形式的点（珍珠）、石纹、石筋等所构成的图案，如果是横向的，那么，它就能够给观赏者安稳、开阔的感觉。如果构图是纵向的，那么，它则给观赏者以崇高、向上的感觉。

　　在赏石实践中，赏石者一块奇石在手，看似随意地观看，翻来覆去地摆放，其实是在寻觅该块奇石最佳的摆放角度、最具有动势的美感、更深的寓意。正如国画的花鸟写生，就是要用有运动感的因素，使画面表现出生命感。宋《宣和画谱》载："画之于牡丹、芍药，禽之于鸾凤、孔

翠，必使之富贵，而松竹梅菊、鸥鹭雁鹜，必见之悠闲。至于鹤立轩昂，鹰隼之搏击，杨柳梧桐之扶疏风流，乔松古柏之岁寒磊落。展张于图绘，有以兴起人之意者，率能夺造化而移精神遐想，若登林览物之有得也。"我们从这些描述中可以看出：不但花和鸟本身是动静对比的，不同的鸟也有性格上的差异，有的性情温和娴静，有的则凶猛好斗，就是同一种鸟也有飞、鸣、食、宿的姿态变化。同样，赏石者除了要认真对待奇石自身形式的"动势"与"静态"

图8-5 《金龙》 三江金纹石
13cm×6cm×15cm 吕耀文 藏

外，还要充分利用、借助奇石的辅助形式，比如奇石配座、奇石布局、展示等手段，使突出者更突出，鲜明者更鲜明。如果奇石自身形式以动势为主，如图8-1《火麒麟》时，那么我们在配座、布局、展示时，就应该让它的形式险中求稳、变中求静，表现出多数人意想不到的寓意，让奇石"动"的形式更能够引导人的视线，使人的心随之而动，从而充分激活人的内心世界。如果奇石形式以"静"为主，如图8-5《金龙》，那么我们在配座、布局、展示时，就应该让它的形式稳中求险、静中求变，更好地表达人们普遍的情思，从而产生更深的意义。

第四节 其他随想

笔者虽然只是一个普通的"石道"研究者、一个经营奇石的商人，但是，对于整个人类命运的担忧也和其他人一样，是常常萦怀于心的。奇石形式"动"与"静"的另类启示虽然有很多，但是以下两点是比较重要的。

一是东方民族习性多"静"，应加强"动"的训练。几千年来，东方民族在大多数的时间里都是被宗教礼法束缚着，亦步亦趋、循规蹈矩。在这种情况下，东方民族在心态上应该效法天，要多"动"，努力向上，自强不息。同时，在行动上更要生龙活虎，敢于"动"，善于"动"。

二是西方民族习性多"动"，应注重"静"的磨炼。什么是"静"？"静"的修养有什么益处？《老子》第十六章说："致虚极，守静笃，万物并作，吾以观复。夫物芸芸，各复归其根。归根曰静，静曰复命。复命曰常，知常曰明。不知常，妄作凶。"从这段话中我们可以悟出：万物品类虽然众多，生态虽然各异，但最后都只有复归到它的根本上才能开始生长，而这个根本就是"静"。

只有懂得了"静"，加强了"静"的修养，才能够回归事物本来状态，了解生命常理，包容一切。才能够合乎自然，与"道"同行，保持长久，免于危险。这就是"知常容，容乃公，公乃全，全乃天，天乃道，道乃久，没身不殆"所要阐释的道理。

---

①王朝闻：《石道因缘》，浙江人民美术出版社2000年版。
②李衍柱：《西方美学经典文本导读》，北京大学出版社2006年版。
③④王朝闻：《石道因缘》，浙江人民美术出版社2000年版。

第九章　奇石自身形式召唤力之三：有机结构

"夜是美的，我民族的肤色是美的；星星是美的，我民族的眼睛也是美的；太阳是美的，我民族的灵魂也一样是美的。"这是美国黑人诗人休斯的一首诗。"该诗看上去每一句都是平实的，但由于其内在的对比，黑夜和太阳、灵魂和肤色之间的反差，以及多样统一的效果，构成一个有机的和谐结构，从而在整体上产生了杰出的艺术效应。这里不仅没有任何一行诗、任何一个意象是可有可无的，而且还预示了许多没有写出来的意象和意境。"①

由此可见，有机结构即和谐的整体，对于奇石来说也是如此。奇石自身形式的有机结构，其内容是非常广泛的，包括整齐一律、对称与均衡、对比与调和，比例与节奏等。因此，奇石自身形式召唤力的源泉除了简单性、动势以外，有机结构也是一个重要方面。

笔者认为，奇石自身形式的有机结构包括以下三个方面的内容：一是它"差异性"形式的有机统一；二是它"多样性"形式的有机统一；三是它"意向性"形式的有机统一，奇石自身形式的这些有机统一都能够成为奇石具有召唤力的源泉。

第一节　奇石自身形式"差异性"的有机统一

奇石自身形式"差异性"的有机统一的具体内容是，在奇石自身的某一种形式居于中心地位的情况下,这种形式中的局部与局部、局部与整体、内在与外在、形式与内容诸方面都能够达到和谐统一。

如果奇石的外部形式居于审美的中心地位,那么,构成奇石自身形式的这个"整体"的各个局部之间,它们虽然在形式上是不同的,具有"差异性",但是,它们在结构上却是统一的、不可分割的。

奇石《万寿山》(见图9-1)由两座完整的山峰,共同形成了气象万千的气势。同时,具有"差异性"的各个局部之间不仅是不可分割的,而且还是相得益彰的。右峰一洞、七穴,饱满而厚重;左峰三洞、六穴,雄奇而凌空。左右峰之间是山谷,山谷中有孔洞五个,穴两个,洞中有洞,孔孔相连,极具"玲珑"之美。更奇妙的是,左峰与右峰,它们的山体后部半空悬起,形成了集聚风光的"避雨"。因此,这样的具有"差异性"的各个局部所形成的整体就是一个有机的、浑然的整体。不仅如此,具有

"差异性"的奇石各个局部与该块奇石的"整体"之间,其能指与所指也是高度的统一,具有明确的某种象征性。《万寿山》的题名有着丰富的寓意,而如果从该块奇石局部的所指来看,它的左峰长且窄,仿佛是体态矫健的万年雄龟;而它的右峰则体态饱满,仿佛是闲庭信步的雌龟,龟是长寿的象征。由此可见,奇石外部形式的"差异性"形式,其有机统一所形成的和谐结构能够形成一种氛围,具有自我敞

图9-1 《万寿山》 灵璧石
155cm×151cm×169cm 吕耀文 藏

开的特点，具有自我生成、自我涌现的能力，因而是奇石自身召唤力的源泉之一。

如果奇石内部形式因素中的一种因素居于中心地位，那么，构成奇石自身形式的这个"整体"的各个局部之间，它们虽然在形式上是不同的，具有"差异性"，但是，它们在结构上也是不可分割的。

奇石《倾国倾城》（见图9-2）的底色是黑色的，倾国倾城的女神图案是由三个局部的白色石筋构成。其中之一是女神的上半身图案，她的头部只是一小块三角形的白色石筋，虽然没有具体的五官，但却具有概括性的特征。它的上半身的形体动作，都是围绕女神左手的抛袖来展开的。其中之二是女神左手的抛袖图案，她的上半身仰起，从而为左手的抛袖腾出空间，她的右手弯曲成三角形，托住仰起的头的后部起平衡、协调的作用。至此，她左手的抛袖魔幻般地抖动成一波三折的形态，最后是潇洒地飘扬成一线。其中之三是女神的下半身形体动作，仿佛是精典芭蕾舞造型的瞬间定格，尽情地展示着芭蕾舞的艺术魅力与审美价值。

由此可见，奇石内部形式因素中的"差异性"形式，它们的有机统一所形成的和谐结构能够形成一种美的氛围，在这个氛围中，赏石者仿佛突然步入了美的天堂，沉浸在一片纯净与完美的幸福之中。因此，奇石内部形式因素中的"差异性"形式的有机统一，是奇石自身召唤力的源泉之一。

图9-2　《倾国倾城》　灵璧图案石
33cm×15cm×37cm　吕耀文　藏

第二节　奇石自身形式"多样性"的有机统一

　　奇石自身形式具有多样性，在前文奇石形式的创建里，笔者把它划分为奇石外部形式和奇石内部形式因素。奇石外部形式指的是奇石的形状、形态、形象等，而奇石内部形式因素则包括七个方面的内容即点、纹、筋、色、声、质、味。王朝闻先生在《石道因缘》中曾经说过："形、纹、质、色各方面兼美的观赏石很难得，赏石者一般不应持有如此苛刻的要求。"但是，在现实的赏石活动中，形、纹、质、色浑然一体的奇石也不是没有，只是特别稀少而已。如果这样的一块奇石在手，其自身的"多样性"形式能够形成和谐的有机统一，那么，它所形成的形式美的魅力，恐怕是任何人都无法阻挡的。

　　奇石自身"多样性"形式的有机统一的内容是：在奇石自身的某一种形式居于中心地位的情况下，奇石自身的其他形式中的一种或者几种都能够围绕着这个中心来组织、

图9-3　《玄凤鹦鹉》　沙漠漆　7cm×8cm×14cm　徐有龙 藏

安排和展开，从而达到多而不乱、繁而不杂的和谐结构。

如果奇石外部形式居于审美的中心地位，而其内部形式因素中的一种或者几种都能够围绕于这个中心，并且与这个中心构成有机统一，那么，这样的具有"多样性"形式的有机统一的这个特征，就是该块奇石具有召唤力的源泉之一。

奇石《玄凤鹦鹉》（见图9-3）如果单是看它的形状、大小，它就是一块奇石了，因为它像个正在远望的鹦鹉。神奇的是，它的不同部位具有不同的石色，鹦鹉的嘴部是乳白色的，鹦鹉正面大部分是金黄色的，而其他部分则是微黄微白色的。更神妙的是，鹦鹉的头部有五六道石纹，最底下的一道，仿佛是鹦鹉的眼睛，紧接其上的一道，仿佛是鹦鹉的眉毛，上面的几道石纹，又好像是鹦鹉的波浪状的羽毛。同时，该块奇石质地细腻，令人爱不释手。该块奇石的形状、石色与现实世界中的玄凤鹦鹉很像，玄凤鹦鹉头大、聪明、红眼，有白黄和灰色两种。白黄的比较漂亮，头冠上的那缕毛是黄色的。由此可见，奇石"形"的具象、意象或抽象，再加上它的内部形式因素的巧妙配合，其"多样性"形式的有机统一，会使奇石更更具召唤力。

如果奇石内部形式因素中的一种能够形成图案或者石色具有抽象意味，从而居于审美的中心地位，而它的外部形式或者其内部形式因素中的其他几种都能够服从这个中心，并且与这个中心构成有机的统一，那么，这样的具有"多样性"形式有机统一的特征，同样是该块奇石具有召唤力的源泉之一。

奇石《神猴出世》（见图9-4）中部的一小块金色石筋，仿佛是刚

图9-4　《神猴出世》　三江金纹石
16cm×8cm×21cm　吕耀文　藏

刚从石头里蹦出的神猴。其头、爪、身等部位活灵活现,神猴毛发竖立,尾巴很张扬地翘起,显得精神抖擞。奇特的是,在神猴这个金色图案的头部,竟然有两个凹点,仿佛是神猴的眼睛,其大小、位置又是那么地恰到好处。点、筋、色的有机统一,使该块奇石的图案充满着奇特的魅力。

由此可见,奇石内部形式因素中的几种因素,它们"多样性"的有机统一所形成的和谐结构也是奇石自身具有召唤力的源泉之一。

第三节 奇石自身形式"意向性"的有机统一

奇石自身形式的"意向性"问题,笔者在前文中已作了简单的介绍。"意向性"广泛地存在于奇石自身形式中,它既具有"指向性",也具有派生的意向,更具有不透明性。奇石自身"意向性"形式的有机统一,就是观赏者确定了的那个意向性对象。这个"意向性对象"是"被感觉材料充实了的意义或被意义激活了的感觉材料"[②]。因此,作为意向性对象的奇石,它自身"意向性"形式的有机统一既可以表现为外在的物理对象,也可以变成纯粹的想象对象。

在一般情况下,作为"被意义激活了的感觉材料",即物理对象——奇石,如图9-1《万寿山》,它是碳酸盐岩构成的一块石头,其形状、大小、体积、石色等是确定的,即它是实在的,属于存有领域。同时,作为"被感觉材料充实了的意义",即想象对象《万寿山》,则是不确定的,你可以根据它外在的形状,把它想象一座山,因而它被人赋予了一种观念或寄托了一种美好的愿望——"万寿山",即它又属于标记领域。当然,你还可以把它想象为别的东西。总之,想象的东西,被人赋予了某种观念的东西,是属于标记领域的。

因此,对于赏石者来说都有一股豪情:给我一块奇石,我还给你一个世界!同样,对于笔者来说,《万寿山》就是一个奇石形式世界,即实在对象与观念对象高度统一的一个意向性对象。

当然，从哲学上来说，"意向性"主要是指人的纯粹意识。胡塞尔认为：这种纯粹意识"虽然不是实体，也不依赖于任何实体，但它却是总指向对象的，是关于对象的意识"③。因此，意向性就是意识"指向"某物的活动，"意向某物"是意识的基本结构。赏石主体的"意向性"包括两个方面：第一个方面指的是它的意识对象，第二个方面指的是它的意识内容。

在具体的赏石实践活动中，赏石主体的意向是极具差异性的，在面对众多的奇石时，不同的赏石主体其意向性也是不同的。因此，赏石主体的"意向性"，就是倾向于去把握一个对象来作为自己的内容，它本身是没有任何内容的。由此，"意向性"形式有机统一的奇石，它之所以能够成为召唤力的源泉之一，是因为赏石主体的意向性与奇石自身形式的意向性这两者的统一体——奇石题名，为奇石题名具有"抓人"的神奇魔力。

对此，有的赏石者可能会有强烈的印象，逛石馆、搞石展、出石书，赏石者都要先看看石头，再看看奇石"题名"。好的奇石题名确实能够让观赏者对某块奇石过目不忘、回味无穷。

第四节 其他随想

在一些赏石活动中，或者在一些赏石报纸杂志的赏石鉴评类栏目中，我们常常会看到一些"鉴评大师们"盲目相信自己的感觉，醉心于对奇石形式的片面的点评。这就好像是盲人摸象，他们往往以局部为整体，而不能全面地观察奇石形式的整个实相。

同时，在探讨石文化的过程中，一些赏石理论家更是津津乐道于自己的心得或者是古人的见解，从而将石文化困在狭窄的范围内，如同"悬挂在秋夜的上弦月，我们虽然只能看到明显的一小片光明，但是隐密不明的大部分并没有因此消失，只是因为我们缺乏朗朗的慧眼，无法看到罢了！我们应该培养一颗全观、全见的心来观照宇宙的万象，不以偏见来看世间的一切。"

　　但是，话又说回来，我们都不过是盲人摸象中的盲人而已。面对奇石自身形式的千姿百态，面对"石道"中浩瀚的未知领域，生命是如此短暂的人类，其自身的感知能力又是如此地有限。所以，在很多时候我们对事物的理解往往都只是在未知或者一知半解之间。因此，面对天公地母的作品——奇石，人类难道不应该躬身自省吗？

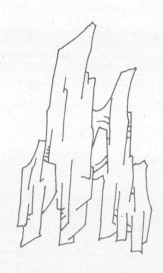

---

①陈大柔：《美的张力》，商务印书馆2009年版。

②彭锋：《回归》，北京大学出版社2009年版。

③牛宏宝：《西方现代美学》，上海人民出版社2002年版。

第十章　奇石题名

　　在探讨了奇石自身形式的一些主要问题之后，本章将探讨奇石辅助形式。比如奇石题名应该遵循什么原则以及有哪些方法？如何给奇石配座？在阐释奇石的过程中，其底线是什么？"见人说人话，见鬼说鬼话"有着怎样的危害？奇石家庭展示有那些门道？怎样通过展示奇石来进行风水调理、布局？等等。

　　关于奇石题名这个话题，赏石界里的许多同仁结合自己的赏石实践已经作了很多探讨，取得了许多研究成果，因此，有的赏石者会认为给奇石题名是件很容易的事，没有必要花费太多的心思。

　　事实远非如此。王朝闻先生在《石道因缘》一书中深有体会地说："给奇石命名这一精神劳动，比给石头配座的难度大得多。""牵强附会，缺少独特性和独立性的命名，反而有不如无。"他更是无奈地表示："我自己想不出适当名目，只得以编号方式替代名目，这实在是没有好办法的笨办法。"因此，《石道因缘》里的奇石附图尽管多达117幅，但是，有题名的一个也没有。至此，笔者认为，奇石题名中需要研究的空白点依然很多，其原则、标准、方法等问题，还有再探讨的必要。

第一节　奇石题名的避让原则

　　所谓原则，就是观察问题、处理问题的准则。它并非是一些深奥玄妙的哲理。当然,一些石文化研究者可能会认为奇石题名的原则有很多,比如突出主题原则、简明原则、得体原则等,但是,笔者认为只有避让原则才是奇石题名的基本原则。

奇石题名避让原则的主要内容包括两个方面:一是自己看见过的奇石题名(包括奇石类报刊、书籍等有文字记载的,和没有文字记载的比如在石馆里看见的等),不管这个奇石题名是有影响的,比如《小鸡出壳》、《岁月》等,还是没有影响的,都要避免使用。二是在不知情的情况下所题的奇石题名,后经人提醒或者是后来知道了它与别的奇石题名重复,自己也要采取"让"的策略,重新给奇石题名。

图10-1 《重上井冈山》 灵璧磬石
19cm×26cm×83cm 吕耀文 藏

为什么只有避让原则才是奇石题名的基本原则呢?首先,避让原则能够使奇石题名产生陌生化的奇特效果。陌生化是俄国形式主义的核心概念,俄国文艺理论家维克多·鲍里索维奇·什克洛夫斯基认为:"艺术的目的是使对事物的感觉变成一种审视,而不是一种认知。艺术手法是事物'陌生化'的手法,是使形式变得复杂,增加知觉的困难和时间的手法,因为艺术中的知觉过程就是目的本身,应该延长,艺术是一种体验事物的制作的方法,而艺术中被制作成的东西并不重要。"①因此,在避让原则下产生的陌生化奇石题名，如图《重上井冈山》（见图10-1）、《女王》（见图10-2）等，它们都能够唤起赏石者带着惊奇的眼光和全新的感觉去体会奇石的形式，从而让赏石者从日常平庸化、机械化的束缚中解脱出来，赢得一种审美的解放，保持对生活恒久的诗意态度。

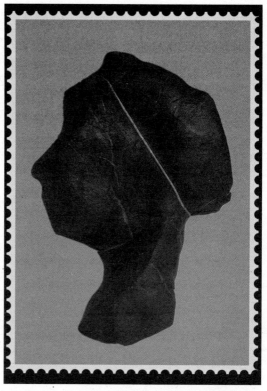

图10-2 《女王》 灵璧磬石
15cm×7cm×21cm 吕耀文 藏

其次，奇石题名不仅仅是某块奇石的一个符号，更多的是，它包含着题名者的情趣、寄托、兴思、理想、精神等。古人说："赐子千金，不如教子一艺；教子一艺，不如赐子一好名。"因此，对于痴迷奇石的人来说，奇石则好比是自己的子女，谁想给自己的子女题一个与别人重复的姓名呢？《女王》该块奇石的题名就寄托着笔者别样的情思。

再次，重复的奇石题名，它会在奇石展览或展示中造成很多不必要的麻烦。各地发现的奇石很多，给奇石题的名字也很多，而重复的奇石题名会给奇石收藏者、奇石展览举办者等带来许多的麻烦。

最后，重复的奇石题名，也会给观赏者带来审美上的疲劳和心理的不舒服，以致造成逆反心理，改变或影响对该奇石的看法。

总之，奇石题名的避让原则，能够使赏石者在面对熟视无睹的奇石时不再采用平庸化、机械化的观赏方式，而是采用创造性的独特的审美方式,去感受和发现奇石自身形式中的异乎寻常,从而把自己从狭隘的日常关系的束缚中解放出来,获得精神愉悦。同时,奇石题名的避让原则还能够不断地更新赏石者对奇石自身形式的看法,改变自己对人生、事物和世界的陈旧感觉,从而充分发挥自己的主观能动性,给喜爱的奇石题一个独一无二的名字。

第二节 奇石题名的契合标准、趣味标准

标准原意为目的,也就是标靶。人们普遍认为:它"是对重复性事物和概念所做的统一规定,它以科学、技术和实践经验的综合为基础,经过有关方面协商一致,由主管机构批准,以特定的形式发布,作为共同遵守的准则和依据。"当然,就奇石题名的标准来说,它是无法来"统一规定"的,因为世界上没有两款同样的天然石块。同时,它有时也很难"协商一致",因为每个人的社会背景、文化修养、审美情趣等是各不相同的。最后,它更不可能"由主管机构批准,以特定的形式发布",因为它自身不是"重复性的事物和概念"。

那么,我们是否就因此而束手束脚了呢?探讨、总结奇石题名的标准确实是一件吃力不讨好的事情。有的石文化研究者对此尽管做了大量的研究工作,取得了很多研究成果,但在现实的赏石活动中,其情况依然是:"公说公有理,婆说婆有理。"

奇石题名的标准宜粗不宜细,只要奇石题名与奇石形式两者契合就可以了,只要奇石题名符合奇石形式的情趣就可以了。

一、奇石题名的契合标准

焦洪光认为:奇石题名要精准,"精准就是突出主题、一语中的,使人有茅塞顿开的赞叹、拍案惊奇的共鸣。"[2]笔者认为,奇石题名契合标准的主要内容包括三个方面:一是奇石题名必须与奇石的天然形式吻合,"名"符其"石"。如《小鸡出壳》,该奇石的题名与该块奇石的天然形式特别吻合,一看奇石题名,就能够想象出这块奇石既有小鸡,又有

壳,还有一个正在进行时的动作"出"。那个"出"字,活灵活现地表现了小鸡从壳里出来的瞬间动态、好奇心情。二是一石一名,不能将《小鸡出壳》这一块奇石的题名用到另一块奇石上,别的奇石如果再用此名,就会贻笑大方。三是奇石题名不仅要与奇石的天然形式有缘,而且还能够还感染观赏者,真切地传递出某种情感。奇石《女王》的题名,与奇石的天然形式一起相互传递出的那种高贵、典雅的情感,相信能够感染许多观赏者。

二、奇石题名的趣味标准

在美学中"趣味"是一个十分感性化的审美范畴,它有本体和动力两层意义。"本体意义是指:趣味就是生活,为趣味而忙碌是最有价值的生活。动力意义是指:生活的原动力来自于趣味,合理而自然的人生状态就是趣味的状态。趣味不局限于一朵花、一颗树的具体形象,不局限于对物表象的静观鉴赏与判断,而是一种生活情趣与生存方式。"当然,一直到今天,"趣味"一词的使用都是很混乱的,没有一个准确的界定。比如在中国传统文化中,"趣味"主要是一个艺术学范畴、一种艺术鉴赏中的美感趣好。中国典籍从先秦始,就将"味"与艺术欣赏的美感特征相联系,魏晋时期出现的滋味、可味、余味、遗味、道味、辞味等诸多之味,都与直接的感官欲望相剥离,都是对艺术作品美感风格、情趣指向的体味。再比如西方的美学中,"趣味"一词是与人们认识美、判断美的能力密切相关的。

在一般情况下,就个体而言,趣味的意蕴就更是因人而异了。因此,奇石题名中的"趣味",由于观赏者不同、观赏者所处的历史时期不同、哲学派别不同、艺术观点不同而呈现出迥异的色彩。奇石题名的趣味标准包含以下内容:一是要有较深的文化意蕴,如《拿云峰》(见图10-3);二是体现着高雅的情趣;三是蕴涵着一定的艺术品味。

因此,题名者在奇石题名实践中,只有多读好书、多学知识,文化底子厚了,自然就"腹有诗书气自华",所题的奇石名称就会富有文化内涵了。赏石者如果是一个文化底蕴深厚的人,见《拿云峰》奇石题名就会知

图10-3 《拿云峰》 灵璧磬石 68cm×47cm×47cm 杨荣本 藏

道"拿云"是上揽云霄之意,更会知道它出自于李贺《致酒行》:"少年心事当拿云,谁念幽寒坐呜呃。"如此看来,该块奇石的题名就很有文化味。其次,观赏者的赏石活动本身也是一种饱含情感的趣味活动,情感构成趣味的动力源。没有情感的激发,就没有趣味的萌生,也就没有生活的动力。观赏奇石《拿云峰》,尘世间的一切都遁去了,留下的是壮志凌云的气魄,即观山则情满于山,观海则情满于海。

最后,在现实社会活动中,要多与道德高尚的人接触,"谈笑有鸿儒,往来无白丁。"久而久之,耳濡目染,自己也会"近朱者赤",逐渐变得谈吐文雅、举止文明、行为高尚,成为一个情趣高雅的人。当然,所题的奇石名称自然就有品味了,经得起咀嚼了。

当然,奇石题名的趣味标准是建立在奇石自身的天然形式上的,如《女王》该块奇石的天然形式本身就洋溢着高贵的气质。

　　总之，奇石题名的契合标准主要是针对奇石天然形式而言的，它的趣味标准主要是针对奇石天然形式里蕴涵着的意味而言的，两者相辅相成，缺一不可。需要强调的是，奇石题名的趣味是要靠观赏者自己去用心领略的。佛典里说："如人饮水，冷暖自知。"同时，奇石题名的趣味总是藏在深处，观赏者只有一层一层的往里面钻，才能达到"欲罢不能"的地步。

第三节　奇石题名的借鉴法、创新法

　　奇石题名既是人们观察、欣赏某块奇石形式的切入点，又可使观赏者从奇石形式世界里得到的人文信息。因此，除了应该遵循奇石题名的一项原则、两个标准外，题名者还应该采用一些必要的方法，来给奇石题一个"画龙点睛"的名字。对此，一些石文化研究者做出了不懈的努力。比如江西的王石明先生总结出了《奇石题名方法百字诀》："相明名宜隐，神情意冠名；相隐名宜清，题物兼题韵；形意皆抽象，命其精气神；山水风景石，名连色景韵；名人掌故石，名与典史联；浑清文字石，浑明清题义；色调强特者，主题象征意；特种类型石，源清名宜直；喜庆吉祥名，迎合众心脾；题名无定法，重入情与心。"杨忠耀先生总结出了奇石题名的四类方法，即："直接定名、景境题名、心境题名、情境题名"等。笔者认为，奇石题名的方法也不应该阐释得太细，它也应该是框架式、粗线条的，因此，从大的方面来说，它有两大类：一类是借鉴法，另一类是创新法。

一、奇石题名的借鉴法

　　关于借鉴，先人说的很多。《淮南子·主术训》："夫据干而窥井底，虽达视犹不能见其睛；借明于鉴以照之，则寸分可得而察也。"至此，后人用"借鉴"或"借镜"来比喻把别人的经验或教训借来对照学习或吸取。毛主席《在延安文艺座谈会上的讲话》中指出："我们必须继承一切优秀的文学艺术遗产，批判地吸收其中一切有益的东西，作为我们从此时此地的人民生活中的文学艺术原料创造作品时候的借鉴。"因此,在奇石题名中要运用借鉴方法来化用、借鉴东西方文明中优秀的神话传说或者历史上的典故以及著名的诗词歌赋等,这样我们所题的奇石名字就会高雅而富有文化内涵与品味。

1.巧借神话、传说

奇石是大自然的杰作,它的天然形式对于人类来说具有神秘性,而人类千百年来流传的神话、传说也同样具有神秘性,因此,这两者之间具有天然的互补性。

关于神话、传说,有的学者认为,它大致有三类:一类是关于天地开辟的神话、传说,它反映的是原始人类的宇宙观。世界各地的每一个民族几乎都有这一类的神话,甚至有些还有不少有趣的相似性。比如说关于创造人类,在中国,是女娲;在希伯来,则是耶和华上帝;在古希腊,则是普罗米修斯。第二类是关于自然的神话、传说,它是原始人类对自然界各种现象,比如日月星辰、山川草木、风雨雷电、虫鱼鸟兽等产生原因的很美丽的解释,如《女娲补天》、《精卫填海》等。第三类是关于人类征服自然的神话、传说,它的产生比前两者稍晚。这时候,原始人类已经不再对自然界产生极端的恐惧心理,有了一定的信心,开始把本部落里具有发明创造才能或做出重要贡献的人物,加以夸大想象,塑造出具有超人力量的英雄形象,如中国古代的神农尝百草、黄帝战蚩尤、尧舜让位、大禹治水等。

如何巧借神话、传说,让其为奇石题名服务呢?一方面,奇石题名者对于古今中外的一切神话、传说要烂熟于心,这是巧借它们为奇石题名服务的关键。大家知道,中国的古代神话散见于各种书籍之中,现存最早、保存最多的是《山海经》,像《精卫填海》、《夸父追日》等就出自其中。西方的神话就更加丰富了,古希腊神话是成体系的,神与神的关系复杂而且完整,主要见于两部荷马史诗《伊利亚特》、《奥德赛》。另一方面,观赏者要善于观察、联想、提炼,奇石的天然形式与哪一个神话、传说吻合?因为东西方的神话、传说,它们在传达、表现方式上,毕竟与奇石天然形式是隔了一层。即使两者是吻合的，那也是观赏者由奇石的天然形式而产生的联想，所以既不能生搬硬套，更不可使用冷僻生涩的神话、传说。

当然，如果奇石的天然形式与某个神话、传说相吻合，即奇石天然形式的神秘性与神话、传说本身的神秘性达到了高度统一，那么，这样的奇石题名无疑是令人期待的。

2.化用典故、掌故

在给奇石题名时，题名者适当运用中外文化中的典故、掌故可以增添奇石形式的表现力，使奇石在有限的天然形式中展现出更为丰富的内涵。同时，化用典故、掌故所得到的奇石题名还可以增加奇石的韵味和情趣。

同样需要强调的是，奇石题名者应该掌握大量的掌故和典故知识，以便应用时得心应手。掌故和典故虽然有区别，但它们又同宗同脉、同根同源。典故中有成语典故，如按图索骥、叶公好龙等；历史典故，如冯唐易老、李广难封等；文学典故，如晓风残月、大江东去等；文化典故，如牛郎织女等。掌故按内容可以分为文学掌故（如《西游记》掌故）、文化掌故（如饮食掌故、佛教掌故、民族掌故、服饰掌故等）、人物掌故（如《中国十大名曲》掌故）、历史掌故（如三国掌故）、地方景点掌故（如中国十大风景名胜的掌故）等。

同时，奇石题名者还要准确理解有关典故、典故的正确含义和使用方法，避免用错、用偏，影响意思表达，比如"琴心"之典故源于汉时司马相如和卓文君的爱情故事，运用在男女相爱中贴切，运用到其他亲情、友情、交情上就会不恰当或牵强；比如"望帝"这个典故渲染的是一种悲哀的气氛，如果用于喜庆就不恰当了。最后，题名者还要特别掌握典故的活用，如"高山流水"的典故，在古人诗词中就有各种各样提法："子期"、"知音"、"弦断"、"高山一弄"、"子期耳"、"钟期听"、"流水引"、"断弦人"、"伯牙高山"、"钟殁废琴"、"流水高山"、"琴曲流水"、"流水心"、"弄琴牙"等多种用法。

3.借意诗词、歌赋

众所周知，诗词、歌赋是东方人、特别是中国人表达情感、表现社会生活和精神世界的文学艺术形式。在通常情况下，诗适合"言志"，词更适合"抒情"。中国诗起源于先秦，鼎盛于唐代；中国词起源于隋唐，流行于宋代。赋是介于诗、文之间的边缘文体，它萌生于战国，兴盛于汉唐，衰落于宋元明清。我国古代的诗词、歌赋，它们大多具有情感充沛、意象丰富、语言凝练、章法绵密、韵律严格、技巧成熟等特点。

因此，奇石题名者应该适当地吸收诗词、歌赋的精髓，让其为奇石题名服务，为奇石增彩。比如为灵璧珍珠石题名是《人比黄花瘦》（见图10-4），就来源于李清照的词《醉花阴》，奇石图案与奇石题名交相辉映，同时，它更能够给观赏者带来了强烈的震撼力。

二、奇石题名的创新法

什么是创新？创新就是别人没想到的你想到了，

图10-4 《人比黄花瘦》 灵璧珍珠石
25cm×9cm×39cm 吕耀文 藏

别人没发现的你发现了，别人没做成的你做成了。创新涉及社会生活各个领域，包括理论创新、科技创新、文化创新、制度创新等。创新的方法有很多，比如直觉创新法、列举创新法、联想创新法、组合创新法、群体创新法、启发创新法、推绎创新法、辅助创新法等。

奇石题名的创新法主要有三种：一是直觉创新题名法，二是联想创新题名法，三是群体创新题名法。

直觉创新题名法。就是题名者根据自己的视觉、听觉、触觉、嗅觉、味觉，甚至是意识直觉等，从奇石的天然形式中直接得出的题名。如图10-1《重上井冈山》，笔者在购买该块奇石的瞬间，就利用这一类方法给它起好名字了。当然，直觉创新题名法受制于题名者的直觉能力，因此，题名者可以参考其他的题名创新法。

联想创新题名法。就是题名者通过奇石的天然形式联想到另一种事物的形式，比如形式的对称、调和、统一、整齐，比如内容、神韵、意境、情趣等，即这两种事物是相似的。或者，相反的两种事物的形式也能够让题名者产生联想，比如形式的多样、对比，比如意境、内容的悬殊等。通过联想的纽带，题名者把某块奇石的天然形式与别的事物形式联系在了一起，从而产生了联想创新的奇石题名方法。如图10-3《翔云峰》，笔者正是通过该块奇石顶部的像凤、像鸟又像云的这一天然形式开始联想的。当然，联想创新的奇石题名方法也受制于题名者的想象能力。在联想创新的奇石题名方法中，比较具体的还有直接联想题名法、拟人联想题名法、拟物联想题名法、相反联想题名法、对比联想题名法、综合联系题名法等。

群体创新题名法。北京市观赏石协会与《鉴石》杂志，在2009年推出为奇石有奖征名活动，一时应者云集，影响很大，成果显著，这就是一个群体创新题名法的具体运用，上海的崔伯安先生称之为"当代奇石文化创举"。由此可见，群体创新题名法的形式有很多类型，比如赏石沙龙的形式、赏石专题研讨会的形式、网上征名的形式、报刊征名的形式等。

当然，由于参加的人比较多，奇石题名者在运用这一创新方法时，要注意"字"的推敲。宋朝学者洪迈在《容斋随笔》中记载："王荆公绝句云：'京口瓜洲一水间，钟山只隔数重山。春风又绿江南岸，明月何时照我还'。吴中士人家藏其草，初云'又到江南岸'，圈去'到'字，注曰不好，改为'过'，复圈去而改为'入'，旋改为'满'，凡如是十许字，始定为'绿'。黄鲁直诗：'归燕略无三月事，高蝉正用一枝鸣。''用'字初曰'抱'，又改曰'占'、曰'在'、曰'带'、曰'要'，至'用'字始定。"

当然，以上三种题名创新法并不是奇石题名创新方法的全部。关键的地方是，奇石题名者在运用这些方法时，既要高度关注奇石的天然形式，又要最大限度地发挥自己的主观能动性。同时，奇石题名者在日常生活中要自觉地提高自己的想象力、联想力以及直觉能力。

第四节　奇石题名的一些习惯

以上探讨了奇石题名的一些基本原则和方法等，对如何避免奇石题名的重复、如何判断奇石题名与奇石形式的契合、奇石题名里蕴涵着的趣味等，作了详细的解说。对于奇石题名的方法，介绍了借鉴法与创新法两类。但是，如果拘泥于这些框框，无视奇石题名领域里的一些习惯，则还是不能够悟得奇石题名里的精髓。

一、园林立石的题名习惯

众所周知，在苏州市的留园里的冠云楼之前有冠云峰，冠云峰的西北面有岫云峰，冠云峰的东北面有瑞云峰（后移入苏州市第十中学校园内）。远翠阁之前有朵云峰，明瑟楼南假山之中有一云峰，在苏州市的鹤园里有掌云峰，苏州市五峰园中的五峰之一是庆云峰。同样，在江苏省内，南京市的瞻园有倚云峰，常熟市虞山公园有卷云峰，太仓市城南公园有拽云峰。在浙江省杭州市内，花圃缀景园中有绉云峰，江南名石苑里有神云峰、叠云峰。上海市嘉定镇汇龙潭公园有翥云峰。山东恒台县王渔洋纪念馆中有苍云峰，等等。由此可见，园林立峰的奇石题名有一个习惯，那就是所题的名称往往是"某云峰"三个字。笔者认为这个题名习惯的理由如下：一是云无影无踪、神妙莫测；二是云寓意吉祥；三是字数少，能够彰显山峰的瘦高、挺拔。

二、具象类奇石的题名习惯

对于具象类的奇石题名，人们习惯给它题一个"讨口彩"的名字。如灵璧磬石《禄》，因奇石的形状像鹿，"鹿"和"禄"同音，讨个口彩；如灵璧磬石的形状像站立着正在玩耍的雄狮，故题名《门神》，符合传统习俗；如沙漠漆奇石《寿侯》，该奇石上部形状像"猴"，"猴"与"侯"同音，同时，猴的嘴里好像含着一个寿桃，故《寿侯》这个名字很是吉祥。奇石题名者不妨按照这个习惯去试一试，相信会有收获。

三、抽象类奇石的题名习惯

当代兴起的玩石热，赏石者把既不具象，也

图10-5　《纯构图1号》　灵璧珍珠石
23cm×9cm×46cm　吕耀文 藏

不意象的奇石纳入赏玩的怀抱,显得比古人更有胸怀,问题是如何给这一类型的奇石题名呢?

我们可以借鉴抽象派绘画大师的一些习惯做法,将自己的奇石题名为"某某几号"等,这样的题名既新颖,又可以形成系列,如《纯构图1号》(见图10-5)。

综上所述,奇石题名对于奇石的天然形式来说,它具有"画龙点睛"的效果,以及"化腐朽为神奇"的作用。因此,个性化的奇石题名,赋予了奇石形式以活泼泼的生命。同时,奇石题名对于题名者来说,它既是题名者多学科知识,特别是文学、美学、哲学等知识的集中体现,又蕴涵着题名者的个性、情趣和理想。不仅如此,优秀的奇石题名更是其他人认识奇石、欣赏奇石的一个窗口。

---

① [俄] 什克洛夫斯基:《俄国形式主义文论选》,北京三联书店1989年版。

② 载《宝藏》杂志2007年第8期。

第十一章 奇石配座

为什么要给奇石配座？笔者相信，大多数的石友都能够给出满意的答案。比如奇石自身具有天然座的很少，它们大多无法依靠自身的力量"站立"、"坐下"或"卧倒"，因此，必须给它们配一个稳定的"托"。至于奇石配座的原则、作用以及在奇石配座过程中应该注意哪些事项等，不同国家、不同地域的石友在实践上会有不同的做法，在理论上也会有不同的探索。本章重点探讨的是与奇石配座有关的四个关系，即石座与材料的关系、石座与奇石的关系、石座与人的关系以及石座与时代的关系。

第一节 石座与材料的关系

石座，是奇石辅助形式之一，它是使奇石的天然美与人的工艺美相结合的产物。制成石座的材料，包括木材、石材、陶瓷、金、铜等，因此，石座与材料之间的关系仿佛是儿女与父母的相生关系。

一、石座与木材的关系

对奇石来说，石座要"足堪托死生"，因此，稳妥是第一位的。相对于石材、贵金属而言，硬木材料更便于落嵌，更能发挥稳固奇石的作用。同时，用硬木做石座便于能工巧匠的因材施艺，精雕细刻。比如红酸枝、檀木等质地致密的木材，由于其本身硬度高，做成石座后更能呵

图11-1 《秦皇》 木化石 16cm×9cm×16cm 王雁鸿 藏

护奇石，衬托奇石，使奇石更加光彩亮丽（见图11-1）。因此，我们在配置石座时大多选用硬木。

不同地域的赏石者喜欢选用不同质地的木材来配置石座，而这些不同的木材所制成的石座又能够恰如其分地表现不同地域奇石的神韵、意境或纯情感。比如岭南、广西等地区，多采用檀木、樟木、栗木和水曲柳等硬杂木作为石座的原料，如奇石《圣母》（见图11-2）的底座即为当地常用的樟木。比如内蒙古、新疆等地区，多采用杜鹃、紫薇、黄荆等坚硬灌木根作为石座的原料，特别是乌拉山所产的黑格令最佳，它呈深枣红色或红黑色，坚固耐用。而上海、北京、天津等国际化大都市，则多采用花梨木、红酸枝、鸡翅木、乌木等比较高档的红木作石座的原料，这些原料或是保持原色，或是被漆成红色，都能够彰显大富大贵、大红大紫的寓意。

当然，如果选择一些天然树根或根艺玩家的废料，经过简单加工后可使之成为树根石座，这样既省钱，又能够彰显奇石自身形式的美，因而受到很多石友的喜爱。比如选用天然奇特的黄杨木树根作为石座时，其简洁、抽象的造型就别具效果。

由此可见，作为石座母体之一的硬木料，它原本是没有生命的，但是，人们将它制成心爱之物的底座，保留它纯朴的品质，赋予它新的艺术生命,这难道不是一件有意义的事情吗?

二、石座与陶瓷、石材等材料的关系

在当前赏玩奇石的实践中,有些收藏家喜欢用水盘来放置奇石。用水盘放置奇石的好处是养石方便,同时,还可以欣赏喷水后奇石石肤的变化之美。最后,用水盘放置奇石更能体现奇石自身形式的意境与气势,这样水盘就承担了石座的作用。水盘的材料有陶瓷、石材等,水盘的款式分为长方形、椭圆形等多种,盘的深浅则可自选。长方形盘以放置有力度感的奇石为宜,可衬托奇石的阳刚之美;椭圆

图11-2 《圣母》 桂林黄蜡石
28cm×19cm×56cm 徐有龙 藏

形盘较适宜安放有柔和感的奇石,这与其悠然自得的形态相得益彰。

当然,石座的材料,还可以选用金、铜等贵金属,也可以选用玻璃、塑料、草编等。总之,奇石底座形式和材质可不拘一格、多种多样,以符合和突出奇石自身形式的主题。

第二节　石座与奇石的关系

对于石座,不同国家和地区石友的看法是各不相同的。西方欧美国家的石友,由于他们所玩赏、收藏的多是矿物晶体,因此,他们的观赏石大多不配木座。而对于东方国家的石友来说,其具体情况也是千差万别的。比如我国的石友比较喜欢用木座,而日本、韩国的石友,他们大多喜欢用托盘或沙盘作为奇石底座,即使有使用木座的,也多是简单的、少

有雕花的。

对于石座与奇石的关系，有人就形象地指出其好像是仆人与主人的关系："出门在外，主人的一言一行，仆人要看得仔细，既要注重主人干事的大方向，又要掂量主人的情趣。否则，仆人没有分寸、不知退让，或自行其是、自作主张，都是要把事办砸的。"

奇石《禄丰龙》（见图11-3）的底座尽管雕工精细，但其雕刻的精美云朵仿佛在追随着飞舞的龙。由此可见，石座与奇石的关系是次与主的关系，即：石座是第二位的，居于次要、从属的地位，而奇石自身形式则永远是第一位的，居于主导地位，起着决定整个奇石作品是否具有审美价值以及审美价值高低的作用。

其次，石座仿佛"画框"一样可以隔离奇石，如图3-1《甲骨文》。一方面，如果不予奇石配座，奇石与其他不相关的石头就会混在一起，显

图11-3 《禄丰龙》 灵璧石 139cm×63cm×128cm 吕耀文 藏

得过于实际或真实，从而失去了生活与艺术之间的距离，也就是说，"距离太近"。另一方面，石座如果精雕细刻地太豪华、太铺张、太强势，或敷衍了事地很粗糙、很滑稽，那么，这样的石座就失去了真实性，失去了与实际生活的联系，起不到隔离的效果，也就是说"距离太远"。

最后，石座的不同雕饰和形式设计能够渲染、衬托奇石形式的不同气质。大家知道，石座有明式与清式之别。明式底座具有"精、巧、简、雅"的特点。精：选材精良，制作精湛；巧：制作精巧，设计巧妙；简：造型简练，线条流畅；雅：风格清新，素雅端庄。如《秦皇》奇石的底座就是典型的明式底座，大气而不浮华，简洁而不失庄重。由此可见，"形"派奇石中的人物类的奇石、抽象类的奇石，其底座应该多以方形、梯形为主，不宜雕饰复杂的花纹。"色"派奇石与"图"派奇石中的水冲类奇石，即从河底、江底或海底捞出的奇石，比如台湾南田石、黄河石、长江石、大化石等，它们的审美价值主要是依靠自身的点、纹、石筋或石色等所形成图案来体现的，因此，它们都适合配置韩国式样的底座，如图4-4《双清图》，以这样的奇石底座烘托奇石形式的效果特别好。反之，那种修饰过度、喧宾夺主的石座既不能渲染奇石的天然形式又浪费钱财。

清式底座具有厚重、富丽堂皇的特点，其雕饰的范式有广式、京式、苏式三大类，雕刻的技法有圆雕、浮雕等，圆雕就是仿真实的动物雕刻，可以多方位、多角度欣赏的三维立体雕刻，观者可以从不同角度看到物体的各个侧面。浮雕是在平面上雕刻出凹凸起伏形象的一种雕塑，如《禄丰龙》奇石的底座就是典型的清式底座。

由此可见，"形"派具象类奇石比较适合配清式雕花底座，如具象类的鱼形奇石、龟形奇石等，其底座的周围大多雕饰水波纹；具象类的龙、马、麒麟等形状的奇石，其底座的周围大多雕饰祥云纹等。但是，如果给具象类的龟形奇石配一个有四个脚的清式雕花底座，或者给有具象头部的奇石配一个身体的底座，给有具象身体的奇石配一个头的底座。那么，这样的石座则会给人一种画蛇添足之感。

"形"派意象类奇石(主要指的是旱石,即从山坡土里挖出的奇石或从沙漠里寻觅的奇石等)配清式雕花底座要注意:一是意象类的山形奇石,如果其形状是"云头雨脚"式的具有瘦、漏、透、皱等特点,那么,其底座多是配传统式的,周围雕的纹饰多是云纹、松、柏等,底座的下面可配置方形的红木桌,如图4-2《祥云峰》的奇石底座。二是如果山形奇石是"横卧"式的,那么,其底座就要与奇石的长度大致相等,底座周围雕饰的花纹也多是云纹、松、柏等,底座下面可配置比底座稍长的红木桌,如图8-2《嵩山吐月》奇石的底座。三是如果山形奇石大致呈方状,那么,底座周围的雕饰同样多是云纹、松、柏等,底座的下面则大多配一个架,高足为架,而这个架则可以为这一类奇石造势(见图15-4)。

图15-4 《唱晓》 灵璧石
65cm×44cm×79cm 沈叶凤 藏

反之,如果"形"派意象类山峰石的奇石底座,配置明式的式样,则可能不利于表达主题。如果雕琢得太花哨,则又可能喧宾夺主。

由此可见,奇石的辅助形式之一——石座,既要表现出奇石自身形式的一些精神内容或意味,又要展现出它的动态或情趣,就像音乐家谭盾创作的电影《英雄》主题音乐与电影《英雄》自身一样,从序曲开始,所有情景过程的音乐,都是主题音乐的衍生,而调低10度后的小提琴所奏出的旋律，表现出影片的主题，弥漫出一种秦朝恢宏、雄壮的氛围。

第三节　石座与人的关系

石座与人的关系包括三个方面：一是石座与奇石收藏者之间的关系，这一关系主要表现在石座的风格上；二是石座与石座加工者之间的关系，这一关系主要体现在石座的质量上；三是石座与观赏者之间的关系，这一关系主要体现在石座的评价上。

一、石座的风格体现着奇石收藏者素质的高低

著名美学家王朝闻先生认为："怎么给观赏石配座，好似人们选择衣着，必须符合身材与身份，不宜强求岩石给时装表演当模特儿。"因此，石座的风格反映出奇石收藏者的综合素质。

石座的雕饰与否以及雕饰式样体现出奇石收藏者的文化背景。有的石座需要雕饰，有的石座不需要雕饰。而需要雕饰的奇石底座，其雕饰的花纹也是很讲究的。雕饰的纹样得当，就能够展现出石种的奇巧多姿，如《禄丰龙》、《唱晓》这些奇石底座上雕饰的祥云纹饰，使得奇石形式显得既飘逸又极具动感。反之，如果在其石座上雕龙刻凤，不但与主题不符，反而会喧宾夺主。如禅石、图案石等石座，也不需要雕饰花纹，雕饰复杂的花纹，反而会弄巧成拙。

石座的造型体现出奇石收藏者的美学追求。徐文强先生认为，在创作奇石底座前，玩石者要能够"把握好美学所讲究的虚实、平衡、动静、稳险，追求'似与不似，不似神似'的创作意境。"同时，玩石者还要能够"突出重点，最大限度地表现奇石美的一面、特殊的一面，表现那不可言传的神韵，追求卓越的艺术价值。"[①]石座的造型有多种模式，但要选择一个和奇石气韵相得益彰的则是很难的。石座造型适当，就能够增加奇石的神韵、意境或纯情感，否则，石座造型的失败，就衬托不出奇石的美，影响奇石的身价，观赏者也得不到美的享爱。

二、石座的质量展现着加工者能力的大小

这主要体现在因材施艺、落嵌、放型、雕刻与修光等诸方面。

1.因材施艺

优秀的石座加工者能够根据木材的天然造型和自然纹理挖掘出美的要素，以充分体现奇石的趣味。

2.落嵌

石座与奇石的相接处与否严丝合缝？这体现着石座加工者的落座、挖嵌等基本功的水平。一方奇石配座，在决定了该块奇石的主要观赏面以后，就要根据奇石底部的大小、曲折、缺陷等，来确定应嵌进的深度与角度，再选用适当的长、宽、厚的木坯，画下图样，以便在座子上面起出精确的凹膛，嵌住奇石。

3.放型

放型则体现着石座加工者的大局观。在确定奇石底部尺寸后，石座加工者一般应该以奇石的最大部位尺寸为准，根据奇石造型及高低残缺，来确定其周边的大小、凹凸，初学者也可用灯光垂直调整投影的方法放型。

4.雕刻

雕刻及其纹样则体现着石座加工者的匠心。石座周围的雕饰是圆雕，还是浮雕？这既取决于奇石收藏者的要求，又取决于石座加工者的建议。重要的是，石座加工者必须根据奇石的具体内容、主题而灵活多变，既可以用大写意夸张的手法，又可以采取精细纤巧拉雕。如图4-1《门神》的奇石底座，它的浮雕刀法是娴熟的，它的结构是虚实相生的，这就能够给人一种诗情画意的美感。

5.修光

石座工艺完成后，就需要精心修整了。有人说：修光石座就好像画家在一幅画大体完成后的补笔和润色，这很有道理，因为它体现着石座加工者最后一步的精益求精。不仅如此，石座的高低或长短、座腿与座身的比例、座腰的厚薄、阳线或阴线的增减、窝颈的起伏变化、石座表

面的凹凸等，这些都考验着石座加工者的能力。

三、石座的内涵考验着观赏者眼光的高下

有些人认为，只有设计精巧、雕饰繁复的底座才能表现奇石的美；有些人还认为，只有贵重的红木才能彰显奇石的高贵。事实上不是这样的，石座的式样不管是明式的，还是清式的；石座的雕饰不管是线条流畅、简洁概括的，还是精雕细刻、复杂多变的，只要它能够表现奇石的神韵、意境或纯情感，那么，它的内涵就是深刻的、有独创性的，能够引起观赏者共鸣的。

第四节 石座与时代的关系

石座与时代的关系，主要体现在石座的雕饰纹样上。我国新石器时代的雕饰纹样具有纯正朴实的特征，而奴隶社会的雕饰纹样又具有神秘和威仪的特点。封建社会初期的战国和秦朝，其雕饰纹样开始倾向写实，后由精细转为雄伟。以后的各个朝代也都具有不同的特征，如汉朝的凝重；魏晋南北朝矫健、刚劲而质朴，深受佛教影响；隋唐时期富丽、雍容；两宋时期典雅、秀丽、柔美、洗练；元朝粗壮、豪放；明朝敦厚；清朝纤巧等。

同样，奇石底座也能够反映一个时代的历史文化特点，具有鲜明的时代特色。上海秦明兴先生的"秦石轩"奇石红木底座厂所创作的奇石底座就具有鲜明的当代海派特色："筹、选、雕、修、磨、漆"。①筹。根据奇石的性格来配以与之相协调的座架，力求天人合一之境界。②选。根据客户要求甄选优质正宗材料，货真价实。③雕。娴熟的工匠设计精神，运刀如笔，骨力遒劲，刚柔相济，雕出精品座架之筋骨。④修。专业修刮技师根据设计精神，让座架骨中见肉，肉中含骨，修出精品座架之韵。⑤磨。经上百道打磨，磨出精品座架丰润、雄浑之手感。⑥漆。一如画理润色，染出精品座架之雅色。

近年来"秦石轩"红木底座厂就创作了很多奇石底座的经典，当

然，作为石友，我们期待更多有创意的反映时代特色的奇石底座厂的出现。

行文至此，与石座有关的四个关系已经大略探讨完毕。石座的材料应该表现出石座的气度与尊严，石座的式样应该展现奇石收藏者的意愿。石座加工者的能力、奇石观赏者的水平，石座的高矮、长短和色彩等，都应该"附和"奇石、突出奇石的主体地位。当然，与石座有关的关系可能还有很多，比如石座与收藏者居住环境的关系、石座与展示环境的关系、石座与地域文化的关系等。

值得引起思考的是，我们在配置石座、观赏石座时，目光能否远大一点？胸怀能否宽广一点？目光远大了，就不会在意它穿什么"衣服"，住什么"房子"了；胸怀宽广了，就不会计较它是"白种人"、"黑种人"，还是"黄种人"了，留存在赏石者心中的只有奇石形式的精、气、神！

①徐文强：《赏石配座与命题》，《宝藏》杂志2007年第5期。

第十二章 奇石阐释

如果说石头是天地孕育的"文本"，那么，奇石则是其中的"经典"。如何运用美学原理，准确地、形象地阐释这些数亿年前产生的石头"文本"或奇石"经典"呢？最近几年来，笔者拜读了国内很多的赏石报刊，大多是一边看着奇石的图片，一边读着鉴赏奇石的文字，但奇怪的是常常有云里雾里的感觉。如何使阅读者消除这种错觉呢？或者说，赏石文化研究者在阐释奇石的形式或意味时，应该坚守的底线是什么？基础在哪里？应该运用哪一种合适的文体来营造恰当的语境，让解读、阐释奇石的文字能够引起别人的共鸣，而不是误解？以下作简要分析。

第一节 奇石阐释的底线：避免误解

德国哲学家、神学家施莱尔马赫认为：一段文字的意义绝不能从字面上一目了然。随着时光的流逝，过去时代的人们能够理解的内容，今天的人们已经不能理解，这样就形成了隔膜。因此，在他看来，"避免误解"是阐释学的核心问题。

奇石，它们与人类的隔膜远非"文本"或"经典"所能比拟，因此，赏石者在阐释其形式美以及蕴涵在形式里的意义时，内容出现误解或使阅读者产生误解就是很难避免的了。具体原因有以下四个方面：一是从时间上来说，奇石的形成历史都在数亿年以上。二是从创造对象来说，奇石是天公地母的"杰作"，如奇石《恒山翠屏》、《蝶变图》、《寿侯》、《可染墨牛图》等，人们往往难以轻易地理解和沟通。三是赏石者在个性气质、生活阅历、文化背景、艺术修养等各方面存在着明显的差异，这就使得他们在阐释奇石时容易出现仁者见仁、智者见智的情况。四是由于奇石的产地不同，因而奇石天然与否的鉴别方法不同，奇石的特征、形式也不同，赏石者对这些不同奇石的审美标准、审美追求便会不同。但是，有些赏石者却不能具体问题具体分析，还是凭着自己的审美习惯，从奇石的表面上去作解读，这样就形成了一篇篇对奇石的大同小异的"形说"或"图说"。这样，对奇石的阐释出现误解也就在所难免了，因而读者在阅读这些阐释文字时，出现昏昏然也就是必然的现象了。因此，避免误解是赏石文化研究者阐释奇石的底线。

第二节 奇石阐释的基础：生命体验与视域融合

赏石文化研究者如何避免自己阐释奇石的文字让阅读者产生误解呢？笔者认为，狄尔泰"生命体验"与伽达默尔"视域融合"的有机统一，是赏石者让自己阐释奇石的文字得以避免误解的基础。

德国哲学家狄尔泰认为：阐释学的核心是"生命体验"。在他看来，"生命体验"的创造性活动把自己客观化为意义的构造物，因此，对一切意义的理解都是一种返回。即解读者通过自己对文本的生命体验重新返回到它们由之产生的富有生气的生命之中，这样就能恢复原作者的本义。体验，是人类的一种基本生命活动。赏石者对奇石的阐释，其基础必须是"以身体之，以心验之"。如奇石《恒山翠屏》（见图12-1），如果站在三米外观赏该奇石，该奇石后面的最高峰犹如一道天然的屏障，保护着前山，而左下方与右下方的两个山角向里，环抱着前山。因此，该奇石的"山环如抱，气象万千"的气势与赏石者的情感产生了共鸣。走近观看，该奇石顶部的山岭、峭壁之

图12-1 《恒山翠屏》 灵璧磬石 133cm×49cm×79cm 徐有龙 藏

间分布着三条左右连绵的山沟，正面有三根白色石筋，犹如瀑布飞流直下。至此，赏石者仿佛听到了潺潺的流水声，心情自然是心旷神怡了。看着这苍翠如黛的石色，敲弹着它的不同部位，聆听着它那天籁般的不同磬音，赏石者便真切地体验到了该奇石的"山环凝翠处，水绕意无穷"的美妙意境。由此可见，通过体验，赏石者把自己的情感奇石化了。

按照德国哲学家、美学家伽达默尔的观点，文本和解释者共同关注的对象是意义，而意义就是在"视域融合"中所形成的共同的观点。伽达默尔认为："解释者的'前理解'的'先行结构'和现今时代所形成的特殊的视域，称作'现今视域'。"文本"作为一个已由原作者揭示的意向性构成事件，也具有原作者的原初'视域'，即'初始视域'。"这两种视域的不断融合，"从而使得理解者的视域"和文本"视域都超越原来各自的界限，达到一种全新的视域，即'视域融合'。"①因此，在对奇石的阐释中，赏石者的视域不能固守一点，而是要在敞开中运动，视域也不能自我封闭，而是要在敞开中不断形成新的世界。如奇石《蝶变图》（见图12-2），它给人的第一感觉是敦实、浑圆，除此之外，它的外部形式没有什么别的审美价值了，然而，接着看下去就会发现，该奇石的正面有两三圈圆形的石纹，石纹里有一个等待蜕变的尤物。石纹上面，有一个蹲着的灵巧的祥瑞。再接着读下去，这块奇石上的"图"给人一种启示：世界上的任何事物，无论起初是如何的渺小、卑下，它们或他们只要有改变的动力、脚踏实地地去做，就会实现脱胎换骨的"蝶变"。如此反复，"视域"不断地融合，新的世界不断地产生，赏石者的具体的情感消失了，"留下的是抽象的纯然的对宇宙、时空和人生的理解。"②

　　由此可见，赏石者通过对"生命体验"与"视域融合"的运用，融会贯通后，在接下来的阐释奇石形式里蕴涵的意义时就能够避免误解了。

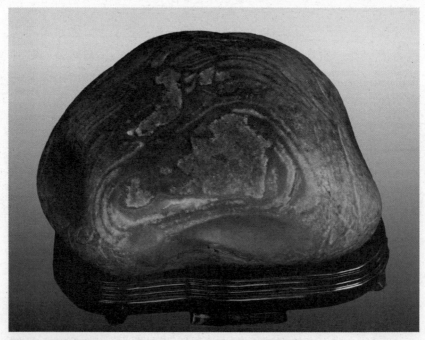

图12-2 《蝶变图》 长江石　33cm×16cm×29cm　吕耀文 藏

第三节　奇石阐释的三种语境

　　如同历代有些文本容易引起后人误解一样，一些赏石者解读奇石的文字，由于思路和文体不同，也易使人们对他们所描绘的奇石产生歧义，更别说理解奇石形式的美以及蕴涵在形式里的意义了。众所周知，奇石的美，不外乎具象、意象、抽象中的一种，因此，阐释这三种不同类型美的奇石就不能采用同样文体，而应该采用多种不同的文体，营造不同的语境，以利于对奇石的阐释。为此，笔者提出阐释奇石或奇石艺术品的三种语境。

一、具象类奇石的阐释语境

　　在阐释具象类奇石时，我们应该采用小说的文体，这样就能够营造出适合具象类奇石的阐释语境。这是因为：一方面，具象类奇石的形式与外部现实世界的物象之间有某种指称性关系。它与意象类奇石或抽象类奇石相比，其形式有三个显著的审美特征：一是惟妙惟肖，具有形象性；二是神韵毕具，具有感染性；三是大多有说法，具有故事性，如奇石《寿侯》（见图12-3）。另一方面，小说是一种以叙述故事、塑造人物形象为主的文学体裁，它可以用精确的语言来描绘具象类奇石的形状、动态。它还可以揭示具象类奇石

图12-3 《寿侯》 沙漠漆
9cm×16cm×29cm　吕耀文 藏

形式里蕴涵的情感与精神，即神韵美，从而给人们创造出一个个活脱脱的艺术形象。

因此，赏石者对这些具象类奇石的阐释，采用小说的文体比较合适。否则，如果采用诗的文体，便不能精确地描摹具象类奇石的形状、形态、形象，以及蕴涵在这形式里的神韵美，就会让人产生一种花里胡哨的感觉，就会让人产生误解。著名作家贾平凹先生鉴赏一块吕梁石的文章便具有示范作用。那块吕梁石有两个人的形象，这使贾平凹想起了名著《阿Q正传》里的阿Q与小D的"决斗"。随后，他用简洁、精确的文字对该奇石的形式进行了阐释。反之，有一些赏石者对这一类具象奇石的解读文字，看似诗意，深奥莫测，其实恐怕连解读者自己也搞不清楚在解读什么，更遑论他人了。

二、意象类奇石的阐释语境

在阐释意象类奇石时，我们可以采用散文的文体，这样就能够营造出适合意象类奇石的阐释语境。这是因为：一方面，意象类奇石的形式易与赏石者的心灵世界产生某种共鸣，如图12-1《恒山翠屏》，该块奇石的形式不具体像什么，因而无法采用准确的"小说"文体来解读、阐释。另一方面，现代意义的散文是一种自由灵活、不受拘束的文体，这样的文体与意象类奇石的大多表现为山川、云朵等飘忽不定的形式相吻合。同时，散文更具有形散神不散的艺术特性，这一艺术特性最适合赏石者内心感受的表达。历史上比较著名的散文如东晋陶渊明的《桃花源记》、唐代柳宗元的《小石潭记》、北宋范仲淹的《岳阳楼记》等，都是描绘奇山秀水、表达心境的好文章，这些可以作为意象类奇石阐释的范本。否则，如果采用诗的文体，赏石者和阅读者可能都会感到意犹未尽，而采用说明文的文体，又可能会让人感到味同嚼蜡。

三、抽象类奇石的阐释语境

在阐释抽象类奇石时，我们则可采用诗歌的文体，这样就能够营造出适合抽象类奇石的阐释语境。一方面，从奇石的形式来说，它表现为两类抽象形式：一是奇石的外部形式表现为抽象形式，这种抽象形式要么表现为几何形状，要么表现为自由形态；二是奇石的内部形式因素表现为抽象形式，这种抽象形式就是由点、纹、筋、色、声、质、味中的某种因素所形成的图案或抽象意味，如奇石《可染墨牛图》（见图12-4）。由此可见，抽象类奇石的外部形式或内部形式因素中的某种因素所形成的抽象形式与外部现实世界的物象之间缺乏联系。另一方面，从诗歌来说，诗歌文体的篇幅小、字数少，这与抽象类奇石形式的快节奏合拍。更主要的是，诗歌的强烈抒情性，音乐般的节奏与韵律，最适合阐释抽象类奇石的形式。因此，小说或散文的文体都无法阐释抽象类奇石的

图12-4 《可染墨牛图》 灵璧珍珠石 43cm×13cm×39cm 吕耀文 藏

美，只有运用诗歌的文体，才能营造出一种对抽象类奇石阐释的最佳语境。

综上所述，"避免误解"是赏石者对奇石或奇石艺术品阐释的底线，同时，赏石者只有以"生命体验"与"视域融合"为基础，灵活运用多种不同的阐释文体，才能够营造出适合不同奇石的阐释语境。这样的不同语境不仅能够准确地、形象地叙述奇石的奇之所在、美之所在，而且还能够深刻地阐释蕴涵在奇石形式里的意义。如此，赏石者对奇石的阐释，才会把人们带入到"大漠孤烟直，长河落日圆"那样的一个既确定又美妙的境界中。

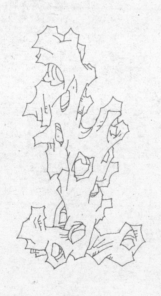

①牛宏宝：《西方现代美学》，上海人民出版社2002年版。

②王旭晓：《美学通论》，首都师范大学出版社2000年版。

第十三章　奇石展示

在参观石展时，我们经常会被一些问题所困扰，比如石展究竟是奇石展销会呢，还是奇石展览呢？或者说，石展是一项经济活动呢，还是一项文化活动呢？具体到奇石展示的类型、门道等内容，石文化研究者也进行了长期的探讨。笔者在经营"大吕石馆"时，更是经常会遇到一些石友们提出的问题：比如家里刚刚装修好，摆放哪一品种的奇石更好？玄关位置应该摆放哪些类型的奇石？书房里、卧室里也能够摆放奇石吗？这些奇石的摆放会有风水作用吗？等等。在此就这些内容，特别是就奇石家庭展示进行重点探讨，以方便石友们的奇石家庭摆放。

第一节　奇石展示的类型

如果按照展示的场地来划分，奇石展示主要有两大类：一是奇石室外展示，二是奇石室内展示。

奇石室外展示，主要有奇石的庭院展示、园林展示、广场展示、石展时的室外展销等。如上海市上南中学（东校）校园里摆放的《临云峰》（见图13-1），该款奇石是灵璧金钱石，而这一类奇石的形状在一般情况下比较单一，多呈块状，但是该块奇石的形状极富变化，给人以气象万千的印象，临近观赏，顿生气势如虹之感。更令人惊奇的是，它顶部的孔洞也别具意味！由此可见，该款奇石本身所蕴涵的石文化与校园里所特有

图13-1 《临云峰》 灵璧金钱石 259cm×139cm×319cm 上海市上南中学（东校）藏

的教学文化相互融合，形成了一种很强的文化氛围，可让学子们受到美的熏陶。

奇石室内展示，主要有两大块：一是规模较大的奇石室内展览，二是小型的奇石家庭展示。

对于如何办好石展问题，黄卫平先生在《谈谈石展和石展经济》一文中进行了深入的研究。黄先生认为要办好石展，必须从以下五个方面着手，"一是主办者和承办者必须明确相关承担的责任和义务；二是组建组委会；三是制定实施方案；四是石展定位；五是其他方面。"在组建组委会方面，黄先生特别强调应该下设办公室等主要机构，并明确了各个机构的功能与责任。在制定实施方案方面，黄先生认为它应该反映石展的定位和操作流程，具体包括："指导思想、办节思路、办节主题、组织机构、举办时间、活动内容、活动安排、宣传、接待内容、资金筹划、场馆建设等。"

对于奇石家庭展示的一些门道，将在下面进行重点探讨。

如果按照展示的数量来分，奇石展示也有两大类，第一大类是奇石的单品展示，另一大类是奇石的组合展示。

奇石的单品展示，它指的是通过一种适当的方式使所展示的单块奇石能够具有某种意向性，给人以神秘感，体现一定的审美价值。张卫先生在《雅石的单局演示与氛围营造》一文中认为，奇石的单品展示形式虽然千变万化，但"归纳起来主要有：台式、罩式、案式、屏式、龛式与架式，六种基本演示形式。"

奇石的组合展示，它则是由两件或者两件以上有相互联系的单品奇石所形成的某种意向性的、能够产生审美价值的组合展示。奇石组合展示特别是小品奇石展示是近年来比较时兴的一种奇石室内展示方式。当然，目前的小品奇石展示有夸耀人类巧思的嫌疑，故赏石者不应该过分夸大它的作用与意义。

第二节 奇石家庭展示

奇石家庭展示，主要包括四个方面，即玄关奇石展示、客厅奇石展示、卧室奇石展示与书房奇石展示。在不同的地方，应该摆放不同类型的奇石，这些不同类型的奇石，能够对这些空间方位发挥不同的作用。

一、玄关处的奇石展示

佛经云："玄关大启，正眼流通。"因此，玄关在佛教中被称为入道之门。在住宅结构中，玄关则特指居所的门前的空间，是进出房屋的必经之地,是建筑的重要组成部分。从功能上来说,玄关是通往客厅的一个缓冲地带,它让运动的进入者静气敛神,又是引气入屋的必经之道。

作为家中入门的第一道风景,玄关处的奇石摆放在家居装饰中的作用是不言而喻的。选择哪些类型的奇石摆放在这里比较合适?奇石的大小如何?怎样让奇石在扮演"风景"的同时,更兼具镇宅、避邪、纳福、调理等功能?在一般情况下,玄关这一位置所摆放的奇石形状应该选择卵形类的,以饱满为主。其大小应该根据玄关的面积大小而定。摆放的奇石应该以立石较为适宜,高度在30厘米左右为好。

二、客厅里的奇石展示

客厅,也叫起居室,是主人与客人会面的地方。客厅的摆设、色调都能反映主人的性格特点、审美眼光等,作家巴金在小说《灭亡》第七章记述了这么一个客厅:"浅绿色的墙壁上挂了几张西洋名画,地板上铺着上等地毯。"仅凭这段文字,读者就可以大致了解主人的审美情趣了。

客厅里奇石展示要根据不同风格的客厅,选择不同类型的奇石。

1.中式风格客厅里的奇石展示

由于时间的流逝、文化的嬗变,中式风格客厅可以划分为传统中式风格的客厅与现代中式风格的客厅两类。

在传统中式风格的客厅里,由于其整体的风格比较庄重、典雅,环境主色调多是朱红、绛红、咖啡色等。因此,这里奇石摆放的门道是:一是展示的奇石品种,可以灵璧磬石为主,"一取历史悠久,二取声音洪亮,三取黑色庄重。"①二是奇石展示的方式,古石鉴赏家王贵生先生在《名胜古石》中就专门介绍了苏州网师园里万卷堂这一传统客厅的奇石展示,我们不妨借鉴一下:在八仙桌后的供桌上"供八音石一方,左有箭瓶,右有插屏,再左右是常青盆景,寓意平平安安,健康长寿,青春永驻。"②三是客厅里的奇石展示"有的称为'文房雅石'或者简称'雅石'。君子安雅,合于文人行为规范的为雅道,有琴棋书画皆雅道之说。雅石是专对文人雅士而言的,或者说是对高尚的人而言的。"③

在现代中式风格的客厅里，其装饰的风格更是特别耐看：通过对传统文化的认识，将现代元素和传统元素结合在一起，并以现代人的审美需求打造出富有文化内涵的韵味，让传统艺术在当今社会得到合适的体现，使传统家具在现代客厅中的用途更具多样化。因此，所有类型的奇石都适合摆放在现代中式风格的客厅里，相信它会给客厅带来异样的情趣(见图13-2)。

2.现代简约风格客厅里的奇石展示

由于其整体设计体现的是简约而不失现代韵味的风格理念，因此，摆放一款"形"派抽象类奇石，其块状的几何造型，简单而又有现代气息。奇石《富贵柱》(见图13-3)圆形的铜钱纹，展现着现代经济的步履；灰底黑纹的图案，辉映着协调的美感，这类奇石特别适合摆放在现代简约风格的客厅里。同时，"形"派具象类奇石，它散发出的浓烈的自然气

图13-2 《金鱼戏水》 灵璧磬石 63cm×25cm×39cm 吕耀文 藏

图13-3 《富贵柱》 灵璧金钱石
18cm×16cm×53cm 冯娟 藏

息,也比较符合现代简约风格的客厅。当然,"色"派奇石,由于其形状抽象、色彩简单而又包浆浓郁,因此,这一类奇石也比较适合摆放在现代简约风格的客厅里。

3.地中海风格客厅里的奇石展示

由于其空间布局形式自由,颜色明亮、大胆、丰厚,因而其客体显得古朴、高雅。在这样的客厅里,其奇石展示的门道是:一是选择的奇石品种,应该以石色艳丽的大化石、彩陶石、沙漠漆等为最佳对象;二是奇石的高度或宽度以70厘米左右为宜。当然,如果选择一款图案类的奇石,如图9-2《倾国倾城》,相信它也能够表达地中海风格的神韵,诠释蓝色地中海的异域情趣,从而造就一种休闲的生活方式。

4.田园风格客厅里的奇石展示

田园风格客厅的魅力主要有两点:一是心平近自然,谁解其中味?这就是田园风光的无穷魅力所在;二是它能够带给人们不用赶时髦、不必担心落伍这样的平凡生活。因此,在这种风格的客厅里,奇石展示的门道是:奇石的形状应该以具象类奇石或意向类奇石为宜,如奇石《三重天》(见图13-4),奇石高度或宽度在80厘米以内为好。只有这样,它才能与整个客厅形成互补,从而让人们得到的审美的愉悦。

三、书房里的奇石展示

书房,古称书斋。在一般情况下,它指的是如下四种场所。

1.朝廷、官府收藏书籍、书画的场所

唐元稹在《和乐天过秘阁书省旧厅》中说："闻君西省重徘徊，秘阁书房次第开。"因此，在这样比较重要的场所，奇石展示的门道是：一是奇石形状应该选择那些厚重类型、卧式的；二是奇石品种应该以灵璧磬石为宜；三是摆放的位置以整个房间的中部为好。

2.家塾、学校

清潘荣陛在《帝京岁时纪胜·薰虫》说："二日为龙抬头日……小儿

图13-4 《三重天》 灵璧磬石 39cm×53cm×76cm 上海商贸学校 藏

辈懒学,是日始进书房,曰占鳌头。"在古代的家塾里有没有摆放奇石?笔者孤陋寡闻,没有看到过这方面的记载。当然,在今天学校的教学楼里,摆放一款体量比较大的奇石,如《菁英满园》(见图13-5),高度或宽度在200厘米以内,则能够营造出独特的文化氛围,散发出独具魅力的艺术气息。

3.书店

在书店里摆放奇石,现在已经是一件非常时尚的事情了。同时,由于书店场所比较大,它适合摆放各种品种的奇石,其大小、形状都宜。更重要的是,由于书店里的文化氛围具有多元化的特征,因此,这里适合摆放所有类型的石头,这些石头既可以是奇石,也可以是矿物晶体。

4.家中读书写字的房间

《红楼梦》第四十回:"这那里像个小姐的绣房?竟比那上等的书房还好呢!"在今天,一般家庭的书房,它多是人们结束一天工作之后再次回到办公环境的一个场所,因此它具有双重性。在这样的场合里,奇石展示的门道是:一是奇石形状以云头雨脚式的传统类型的为适宜;二是奇石的石体瘦长为佳;三是奇石的形体为皱、漏、透的类型;四是这一类奇石适合摆放在拐角的位置;五是适合摆放在较高的正方形或圆形的红木桌上。当然,不同种类的一些图案石,如图3-1《甲骨文》等,也比较适合摆放在书房里,从而彰显书房特有的文化韵味。

图13-5　《菁英满园》　灵璧五彩石　128cm×58cm×178cm　上海市上南中学(东校)藏

四、卧室里的奇石展示

居室中的卧室可分为主卧和次卧，是供家人在其内睡觉、休息的房间。卧室的格局是非常重要的一环，其布局可能会影响家庭幸福、夫妻和睦和身体健康等。因此，好的卧室格局在考虑方位、整体色调等前提下，适当地摆放一款奇石如《神龟》（见图13-6），它会给居住在卧室里的人们带去健康长寿的暗示。

奇石家庭展示的一些门道，絮絮叨叨地说了不少。当然，如果能结合住宅房型结构、主人的生肖、生日或其他相关知识等，再去摆放奇石，这样的效果肯定更好，奇石收藏者不妨一试。

图13-6 《神龟》 灵璧珍珠石　55cm×23cm×33cm　吕耀文 藏

---

① 王贵生：《奇石纵横》，上海大学出版社2011年版。

②③ 王贵生：《名胜古石》，学林出版社2003年版。

第十四章　关于奇石形式若干问题的解读

关于奇石形式的其他若干问题，比如玩石者如何称呼自己所玩的石头？如何科学地来给奇石下定义，或者说奇石这个定义包含哪些内容？在收藏奇石时，真的应该追求它形式的十全十美吗？究竟是"人玩石"还是"石玩人"？奇石是不是艺术品？等等。

一、还是"奇石"这个名称好

世界上不同国家、不同地区的赏石者，他们对于自己玩赏、收藏"石头"的称呼是各不相同的。日本石友称之为"水石"，韩国石友称之为"寿石"，东南亚国家及我国台湾地区的石友称之为"雅石"。

我国玩石人对自己收藏的"石头"的称呼，由于朝代不同而呈现出一些变化。据李清斋先生考证："在我国历史上，'石'的最早称谓是'奇石'，其次是'怪石'。"唐宋以来，"对'石'的称谓，都是根据各自的审美感受，随心所欲的，没有约定俗成的统一规范，因此，'石'的称谓比较繁多杂乱。除奇石、怪石、水石、敧石、异石等称谓外，还有苍石、美石、灵石、艺石、锦石、文石、巧石等。特别令人费解的是，宋代苏东坡、范成大等名家，都称奇石为'丑石'。"明清以后，"称'奇石'的逐渐多起来了，称'怪石'的也有，其他那些随心所欲的称谓逐渐地从奇石鉴赏活动中淡出。"①

当代，"观赏石"是使用频率较高的名称之一。王朝闻先生认为："凡可引起美感的石头，小的如雨花石，大的如宋徽宗花石纲所网罗的巨石,甚至三峡两岸的山岩都可以称为观赏石。"②但是,包括笔者在内的很多石友却认为:还是"奇石"这个名称好(见图14-1)。

首先,观赏石这一概念的范围太广,不利于理论研究。比如不少专家认为观赏石定义可以分为广义观赏石和狭义观赏石。广义观赏石:凡具有观赏、玩味、陈列、装饰价值,能使人感官产生美感、舒适、联想、激情等的一切自然形成的石体。它不受大小、存在形式、地理位置的限制,包括宏观的地质构造(如桂林象鼻山、骆驼山,福建东山岛风动石、黄山飞来石等)和借助于显微镜观察到的五彩缤纷的微观世界。狭义观赏石(即经常使用的观赏石定义,是广义观赏石中的一部分):系指天然形成的具有观赏、玩味、陈列和收藏价值的各种石体,包括一般未经琢磨而直接用于陈列、收藏、教学或装盆、造园的岩石、矿物、化石和陨石等。

其次,由于观赏石的意向性比较宽泛,既包括形状奇特、图案精美、石色特异的石头,又包括矿物晶体、化石,因此,这些包罗万象的"石头"既与人们珍藏天然石头的习惯、心理等显意识形成了抵触,又与赏石者的潜意识无关,因为"现代人普遍使用的'观赏石'称谓,在史籍中没有见到它的踪影,估计是现代人的'发明',可能与'观赏鱼'、'观赏鸟'是同时出现的。"③

值得强调的是,2011年8月,据《中国青年报》社会调

图14-1 《文财神》 灵璧金钱石
50cm×30cm×116cm 吕耀文 藏

查中心通过民意中国网和网易新闻中心对1473人进行的一项在线调查显示：82.7%的人认为我们已经进入"假面时代"。"现在谁不装啊？"中国人民大学社会学专业研究生杨超垒说："如今'不装'似乎很难在社会立足。相亲装温柔、交友装阔绰、应聘装积极、工作装忙碌……如果不装，很容易在婚恋、交际和职场中被淘汰。"因此，在奇石收藏领域，我们应该拒绝"装"的奇石，强调奇石的天然性，维护它的神秘性（见图14-2），而不应该让一些经过修饰、"装"的石头成为我们的案头供品，更不应该使之成为我们赏石者的研究对象！但是，观赏石的范围却包含工艺石，即人为加工石或部分人为加工石。

二、奇石的科学定义

对于奇石的定义，不同的人有不同的回答，李清斋先生认为："奇石是一种具有审美特性的、并且已经历史地被人发现、成为了人的独立的审美对象的天然石体。"④梁志伟先生认为："所谓奇石，词义指形体奇形怪状、图案纹理奇异有趣的石头。"⑤

笔者认为：所谓奇石，就是石头以天然形式存在的审美客体。这个定义包含以下三个方面相互联系的内容，这就是：其一，奇石是一个客体。作为赏石主体（蕴涵审美主体精神的赏石者）的观赏对象，它是独立成块的、完整的、可以移动的。其二，这个客体的形式

图14-2 《参天》 桂林黄蜡石
9cm×13cm×12cm 吕耀文 藏

是天然形成的，而不是人为加工的或部分人为加工的；其三，这个具有天然形式的客体是一个审美客体，具有审美价值。简而言之，所谓奇石，就是具有意向性的天然石头（见图14-3）。

三、每块奇石都是有缺陷的

因为接触的石友比较多，所以对他们的赏石看法、购买愿望的了解也比较多。石友们在欣赏奇石的时候，总是喜欢找出奇石自身形式中的不足一面（当然，有的人纯粹是为了压价）。同时，他们购买奇石的时候，常常会陷入一个误区，即喜欢追求"十全十美"的奇石，而容不下奇石自身形式里的哪怕是一点点的瑕疵。

因此，他们常常会半途而废、无功而返。上海市上南中学校长董兆强先生提出了一个很富有哲理性的赏石观点："每块奇石都是有缺陷的！"笔者深以为然。奇石形成于偶然过程中，如火山爆发、地壳运动、沉积水冲等。因此，这种天然形成的过程就决定了它本身形式的唯一性！正是这种唯一性，使得它在挑剔的当代人眼里极其珍贵，有缺陷的、不完美的才是最真实的、最具魅力的！大家知道，人类所创造的艺术品往往都是可以复制的，比如绘画、书法、雕塑、电影等，特别是在科

图14-3　《跃》　灵璧珍珠石　23cm×5cm×7cm　魏根生 藏

技高度发达的当代,十全十美、毫无瑕疵的人工艺术品充斥着大街小巷。因此,人们对于这些强加的审美已经疲惫不堪了,不喜欢甚至厌恶这些所谓的"艺术品"了。

因此,王朝闻先生说得好:"形、纹、质、色各方面兼美的观赏石很难得,赏石者一般不应持有如此苛刻的要求。仅就颜色而言,大自然的色彩绚丽、多样。许多情况下,它的美不是人为的艺术所能超越的。"当然,从另外角度来看,"观赏石的形态虽然常会有缺陷,但是它真诚老实,不故作媚态,不讨好观众。就这样的意义来说,赏石活动有助于人格素养的提高。"⑥

四、"人玩石"还是"石玩人"

曾经在《上海石报》上看到过一篇文章,文章说的是精明的、有眼力的赏石者,他们所玩的奇石都是有审美价值的,因而随着时间的流逝,这些奇石的经济价值就会越来越高,其收藏价值也是愈发彰显(见图14-4)。当然,这部分赏石者是"人玩石"。反之,没有审美眼光的奇石爱好者,他们收藏的永远只是一堆石头,这些石头有什么收藏价值?这部分赏石者或被石头"玩"了,即"石玩人"。

对于这个话题,笔者曾与一些石友进行过小范围讨论,形成了一定共识,除了赞成那位作者的观点外,还有以下看法。"人玩石"其实包含着两个问题:第一个问题是怎么玩的问题,奇石形式应以"悦目"者为下,"应心"者为上,"畅神"者为上上。第二个问题是为什么玩的问题,玩石人要由形入神、由物会心、由景致境、由情到灵、由物知天、由天而悟。从有限的奇石形式中看见无限的情、神、道,由瞬间见到永恒。这才是真赏石、真审美!至于"石玩人",其实就是在解决玩后的所得问题。宗白华先生认为:审美"既须得屈原的缠绵悱恻,又须得庄子的超旷空灵。缠绵悱恻,才能一往情深,深入万物的核心,所谓'得其环中'。超旷空灵,才能如镜中花,水中月,羚羊挂角,无迹可寻,所谓'超以象外'。"⑦宗先生的这些话对于我们解决玩石后的所得问题有很大启发。

说真的,"玩石人"都是"石痴"。在当代,人们的生活和经济压力都是很大的。因此,人在这么大的压力下生活,是需要用玩石、赏石等一些比较高雅的活动来缓解。同时,都市里的人们虽然住地相处很近,门对门,但相互之间缺少往来和沟通。因此,赏石可以促进石友间的交往,寻找到友情和精神寄托吧。

五、奇石是天然艺术品

著名美学家王朝闻先生认为:"凡是未曾经过人类加工的观赏对象,包括具有审美作用的石头,不论它的形体、色彩、

图14-4 《洛神图》 灵璧图案石
23cm×6cm×27cm 吕耀文 藏

斑纹、硬度多么接近动人的艺术品,我只承认它们具有相对意义的艺术性。"⑧客观地说,在中国赏石界,持这种观点的赏石者有很多。

但是,人应该放开眼界,海纳百川。人类所创造的精神产品是艺术品,这是毫无疑义的,已经形成共识了。然而,大自然所创造的某些物品也应该可以成为人类所需的精神产品。因此,奇石可以是天然的艺术品。

奇石是当之无愧的天然艺术品,理由如下:一是它们在抖掉亿万年的灰尘,被人们题名、配座、阐释、演示以后,就和那些人工艺术品一样,其大小、体积、重量等,符合人类的审美要求(见图14-5)。二是这些奇石不像花草等物那样容易受到客观条件的限制而毁损,因而可以长久地、无条件地供人们去静观、欣赏。三是这些奇石不像太阳、月亮那样遥不可及;也不像大山、海洋那样无边无际;更不像朝霞、夕阳等自

图14-5 《红叶》 灵璧金钱石
19cm×16cm×55cm 吕耀文 藏

然现象那样变化无常，不可控制。因此，人们对于奇石的欣赏可以轻松、悠闲、自在、长久地进行。由此可以看出，奇石可以像艺术品那样带给观赏者感官的愉悦。四是奇石这个天然形体有可能在数千万年前就已经形成了，因而它们本身是没有任何目的。

奇石自身的这些天然形式符合艺术品的所有条件，即它们的形式、质料具有"形"的"召唤结构"，如图14-3《跃》等；或者它们的形式质料具有"色"的"召唤结构"，或者它们的形式质料具有"图"的"召唤结构"，如图14-4《洛神图》等。

奇石自身形式的这些天然的"召唤结构"里蕴涵着丰沛的神秘氛围，隐藏着一定的观念和意义，它们可以给观赏者带来情感的陶醉以及精神的自由。奇石的这些天然形式能够形成一个自由的整体，即它们是的天然艺术品。

六、奇石形式世界是意向性世界

奇石的自身形式是独立自足的，而不是赏石主体"创作"理念、意蕴和精神等的附庸。同时，奇石形式虽然是独一无二的、具体的，但是，它又受不同的规律所支配。至此，一些人可能会认为，由奇石这一实在物体为依托的奇石形式世界，是一个形、色、图自我显现的实在的物质对象。

然而，另外一些人可能不以为然，一块石头，它本身有什么可以显现的呢？要说美，只能说它"美在观念"，由此，他们认为，奇石形式世界是一个观念对象。

笔者认为，奇石形式世界既不是奇石形式质料所显现的形、色、图等实在的物质对象，也不是赏石主体从奇石形式中参悟到的理念、意义、精神等观念对象，而是这两者所形成的高度统一、浑然一体的一个意向性对象（见图14-6）。

图14-6　《富贵鸟》　新疆戈壁彩玉
18cm×8cm×15cm　吕耀文 藏

平时不收藏奇石、较少接触奇石的朋友在读完本书后，如果开始对石头有了感觉，那就是对笔者的褒奖了。而喜爱奇石、收藏奇石的石友在读完本书后，如果还将它放在床头案边不时翻阅，那就是对笔者的最高奖励了！

①李清斋：《石道漫步》，武汉出版社2007年版。

②王朝闻：《石道因缘》，浙江人民美术出版社2000年版。

③李清斋：《石道漫步》，武汉出版社2007年版。

④李清斋：《石道漫步》，武汉出版社2007年版。

⑤梁志伟：《奇石门》，上海辞书出版社2010年版。

⑥王朝闻：《石道因缘》，浙江人民美术出版社2000年版。

⑦宗白华：《美学漫话》，长江文艺出版社2008年版。

⑧王朝闻：《石道因缘》，浙江人民美术出版社2000年版。

参考书目

1.王朝闻:《石道因缘》,浙江人民美术出版社2000年版。

2.李清斋:《石道漫步》,武汉出版社2007年版。

3.宗白华:《美学漫话》,长江文艺出版社2008年版。

4.王贵生:《奇石纵横》,上海大学出版社2011年版。

5.王贵生:《名胜古石》,学林出版社2003年版。

6.陈大柔:《美的张力》,商务印书馆2009年版。

7.牛宏宝:《西方现代美学》,上海人民出版社2002年版。

8.赵宪章等:《西方形式美学》,南京大学出版社2008年版。

9.彭锋:《回归》,北京大学出版社2009年版。

10.薛富兴:《山水精神:中国美学史文集》,南开大学出版社2009年版。

11.王旭晓:《美学通论》,首都师范大学出版社2000年版。

12.刘成纪:《自然美的哲学基础》,武汉大学出版社2008年版。

13.[德]莱辛:《拉奥孔》,人民文学出版社1979年版。

14.王旭晓:《美学通论》,首都师范大学出版社2004版。

15.[法]让·保罗·萨特:《存在与虚无》,三联书店1987年版。

16.[法]茨维坦·托多罗夫著,王国卿译:《象征理论》,商务印书馆版。

17.徐放鸣:《审美文化新视野》,中国社会科学出版社2008年版。

18.高原:《我审美,我存在》,兰州大学出版社2006年版

19.李衍柱:《西方美学经典文本导读》,北京大学出版社2006年版。

附录一　灵璧石鉴赏与收藏

第一节　灵璧石的清理与保养

在清理奇石的时候，不同的奇石品种应该采用不同的方法。但是，很多南方的石友特别是岭南地区的石友，他们对灵璧石的清理方法却有着深深的怀疑。用铁丝刷或钢丝刷来给灵璧石刷灰，这是不是人为加工奇石的行为？用粗砂纸、细砂纸打磨刷好后的灵璧石，这到底是不是清理灵璧石的必要步骤？给刷好、磨好的灵璧石表面涂抹一层白色的地板蜡，这是保养灵璧石的恰当行为吗？

一、用铁丝刷或钢丝刷刷灰，这是在恢复灵璧石的本来面目

大家知道，广东、广西等岭南地区所产的大化石、彩陶石、来宾石、蜡石、三江金纹石等奇石，由于它们出自江底或河底，因此，人们在清理其表面的污垢时多用柔软的毛刷，再加适当的洗洁精等，用清水冲洗即可。为什么清理这类奇石比较容易呢？

这是因为，一方面大化石等出产在红水河底，其河床坡降比为1：2600至1：1200之间，有利于抛磨和塑造石块。另一方面红水河洪水期水深18—30米，最大流量5260立方米/秒，最大输沙量5.1吨/秒，水流流速达1.2—2.5/秒，平水期流速0.6—1.5/秒，即使是枯水期，潭底也有沙流。这样复杂而长期的含有细砾泥沙的水流，则特别有利于奇石水洗度的天然塑造。因此，该地区"色"派奇石的水洗度很高，手感光滑、细腻、温润，清理它们也特别方便。但是，如果用铁丝刷或钢丝刷来清理这类奇石，就会破坏其石皮。如果用粗砂纸、细砂纸或砂轮来打磨石皮，其凹坑或裂纹边沿线就会呈锐利锯齿状，凹坑内外光泽对比明显，一般无细小凸丘或凸出筋纹，石肤光泽就会显得单调、呆板。这种行为在岭南地区就被认为是人为加工奇石。同理，清理长江石、黄河石、沙漠漆等与大化石一样，用柔软的毛刷轻轻地拂拭即可。

与之相反，清理灵璧石时就需要用铁丝刷或钢丝刷，这是为什么呢？这和灵璧石的形成有着密切的关系。灵璧石产于安徽省灵璧县渔沟镇磬石山周围山坡与村庄接壤的田畴里。大约九至七亿年前，这里被海水淹没，藻类等浮游生物众多，这些藻类死亡后与海水中的碳酸盐一起沉淀下去。其后，海水消退，海底成为陆地，沉积的碳酸盐类被深埋于地下。后来在多次的地壳运动中，在地球内部的温度、压力等作用下，沉积的碳酸盐类固结成岩，至此，灵璧石在地下就形成了。宋代杜绾在《云林石谱》里也有介绍：灵璧石"石产土中，岁久，穴深数丈，其质为赤泥渍满。土人多以铁刃遍刮，凡两三次，即露石色，即以黄蓓帚或竹帚兼磁末刷治。"

由此可见，由于形成的环境不同，灵璧石表面亿万年的"赤泥"是不容易清除的，只有采用铁丝刷或者钢丝刷，才能够刷净它的浮灰。值得强调的是，采用铁丝刷或者钢丝刷的刷灰行为与采用软毛刷的刷灰行为，其目的都是一样的，即都是为了还原石头的本来面目。

二、用砂纸打磨，这不是人为加工灵璧石的行为

在采用铁丝刷或者钢丝刷将灵璧石表面的浮灰清理完毕后，其表面仍然存在着肉眼看不见的浮灰。这时，就要先采用粗砂纸来打磨它，然后再用细砂纸来打磨它，直到其表面浮灰被刷净，呈现出青中泛黑的石色，石肤手感润滑为止。当然，这种行为也不是人为加工灵璧石的行为，因为它本身的形状并没有被改变。

三、用蜡涂抹灵璧石的表面，这是其保养方法之一

灵璧石表面被清理完毕以后，下一步就是保养它了。在目前市场上，商家保养灵璧石的办法多是采用地板蜡，因为它的效果快、好，又简单

方便。但是，如果灵璧石的形状奇特，属于天然艺术品的级别，那么，收藏者还是要以用手来把玩它为佳，因为这样把玩出来的包浆，能够收到令人满意的效果。

当然，有的石商出于商业目的，还会在灵璧石表面涂抹黑鞋油，如果这种行为不是为了掩盖其人为加工奇石的痕迹，那是可以谅解的，因为它没有破坏灵璧石的天然形状。反之，那就是不道德的行为了，是不可以原谅的。

需要提醒的是，有的石友用油来保养灵璧石，这种保养办法很不好。大家知道，大化石、彩陶石等奇石则必须用油来保养，因为用油来保养它们之后，它们的石色更鲜艳、石皮更美观、包浆更浓郁。但是，如果用油来保养灵璧石，那么，灵璧石的石色就会变得漆黑，人们也就看不见它表面的美妙纹理了。时间一长，其整体也显得脏兮兮的，令人产生厌恶的感觉！

第二节 灵璧奇石天然与否的鉴别

有人说，奇石形式上有点人为的痕迹，也不影响整体观赏大局；还有人说，即使是人为加工过的奇石，只要有审美价值，别人看不出来也是奇石，这些说法都是不对的。灵璧奇石是立体的天然艺术品，天然是它的生命。失去了天然性，即使它的形、点、纹、筋、色、声、质、味等再好，它也就是一块普通的石头，毫无收藏与审美价值。那么，如何来鉴别它是不是天然的呢？笔者根据多年来玩石、藏石、赏石的经历，就灵璧奇石的几个主要品种，谈点看法。

一、灵璧磬石天然与否的鉴别

古人所追求、珍藏的"灵璧石"，又叫"八音石"，就是今天人们所津津乐道的灵璧磬石。如今，这一最主要的灵璧石种，已经被人为加工得面目全非，令人哭笑不得。在这里重点介绍它在"形"以及"点、纹、筋、色、声、质、味"诸方面天然与否的鉴别方法。

1.鉴别灵璧磬石的"形"

灵璧磬石的"形",就是指它外部的样子、形状、大小以及其石肤表面的起伏、孔洞、褶皱、凹凸、沟槽等。一块灵璧磬石审美与收藏价值的高低,其"形"起着决定的作用。所以,造假者在灵璧磬石"形"上用的功夫最深,而灵璧磬石"形"的人为痕迹也最多。同样,鉴别灵璧磬石"形"的天然与否也最关键和最困难。以下从外形、石皮、孔洞等三个环节来整体辨别灵璧磬石的天然与否。

（1）外形天然与否的鉴别

灵璧磬石产自安徽省灵璧县渔沟镇磬云山下周围的山坡与田畴里,它大多独立成块、独自成形,不与别的石块粘连。它的形体的背部,大多粘有不易清除的黄色山泥,其余几面供观赏,所以鉴别灵璧磬石外形的天然与否要从以下四点着手。

一是正面看灵璧磬石的"形",各部分的关系是否协调、比例是否匀称、动感的节奏是否和谐。有这么一种说法:"识具象者多,而得之者少;识意象者少,而得之者众;识抽象者少,而得之者更少。"其中意象就是似像非像,为什么得之者众呢?请藏石者对照自己收藏的奇石,细细揣摩个中的"味"。

二是细查灵璧磬石的底部或背部,看其是否被"截底"或"减肥"。天然的底部或背部,其石色与周身的石色相同,它的石纹纹理、石筋与周身的石纹、走向上下一致、前后连贯。它的底部或背部大多粘有不易清除的黄色山石泥。反之,如果是"截底"或"减肥"的,那么,它的石色就与其他部位有明显不同,其石纹、石筋就会不连贯。可恨的是,有的人用胶将山石泥粘在被截过的底上或被"减肥"的背部。辨别的方法是,用干净的水泼在这些部位,粘上的这些山石泥部位即可清晰看出。

三是重点看灵璧磬石的太特殊、太突兀的地方。如果象形石的五官、肢体拐角等部位太逼真、太酷似,没有圆润感;如果奇石"瘦"得离奇、"皱"得太过、"漏、透"得太眩目等,则大多被人为处理过了。但是,灵璧奇石的"奇",往往就奇特在具象形式、意象形式或抽象形式上。

藏石者在面对经典的奇石时，在确定它确实是天然的以后，千万不要错过。一个收藏奇石的人，一辈子能遇到一块这样的奇石，就是幸福的了。因为这样的奇石是可遇不可求的，假以时日，进行必要的宣传、文化的滋养，它就是奇石天然艺术品了。

（2）石皮天然与否的鉴别

灵璧磬石常见的石皮上的造假痕迹有："暴斑"、"凿印"、"钻花"等；象形石的五官、肢体间的拐弯处的加深等；山峰石的磨峰、打洞等。其中意象石的人为加工痕迹最多，在不如意的地方稍加一点人为痕迹，就如意了，妙在"似像非像"，再涂黑鞋油，上蜡，加工痕迹就不易被人所察觉。这种磬石大多是商品石，只可观赏，不宜收藏。

所以，细察灵璧磬石的石皮是否完整的方法有：一是细察它的起伏是否自然。二是细察它的边缘、凹凸处是否圆润。三是察看它的表面是否有"暴斑"、"凿印"、"钻花"现象等。四是察看它吸引人眼球的关键部位，比如象形石的五官、肢体及其空隙处等。如笔者收藏的灵璧磬石《富贵吉祥》，鸡的脖项处就有人为凿过的痕迹，后来，加工者虽然用盐酸浸，使之漆黑而不易察觉，但是，其凿印仍然可以辨出。五是察看它的沟槽处是否天然。

（3）孔洞天然与否的鉴别

天然的孔、洞、穴，有一些主要特征：其一，有黄色的山石泥，且不易清除。其二，孔、洞、穴等形状大小不一，有的孔、洞实，有的孔、洞透，有的整穴，有的半穴。其三，孔、洞、穴形状险怪，洞口的石纹里外一致，石色相同。但是，人为的孔、洞、穴是用型号不同的电钻打的，洞口里外一致，特别圆。洞里的石肤特别光滑，大多前后对穿，孔的中心线成直线。

2.鉴别灵璧磬石的"点"

灵璧磬石的点，包括凹进石肤的斑点，如"坑子纹"、"金星"、"子弹头"等，以及凸出石肤的"珍珠"（见图15-1）。灵璧磬石石肤上的斑点，犹如国画山水中的苔点，极具美感，人为加工难度极大，目前尚未发现被加工过的斑点。灵璧珍珠石上的"珍珠"，状如疙瘩，点状居多，且大多凸出石肤表面，不易人为加工。近几年在市场上看到有人将"珍珠"凿下，然后再重新粘成十二生肖等形状，但是，由于造型太似生肖形象，人们就很容易将其加工的地方识破。

3.鉴别灵璧磬石的"纹"

灵璧磬石天然石纹的主要特征是：一是石纹式样多，有胡桃纹、密枣纹、鸡爪纹、蟹爪纹等；二是石纹杂乱，疏密不等，没有章法；三是石纹的纹沟呈"V"形，深浅不同；四是石纹走向自然、曲折自如。否则，用加工石纹的拉纹机所拉出的人工石纹，纹沟呈"U"形，深浅一致、走向单调，疏密大致相等，显得很有条理。同时，它们大都被黑鞋油和蜡所掩盖。所以，鉴别石纹天然与否的方法是：先清除石纹上的黑鞋油和蜡，再用放大镜仔细观察。

4.鉴别灵璧磬石的"筋"

灵璧磬石的天然石筋（石英），其颜色大多是白色的，深入石体里，清晰且众多。此外，天然石筋还有黄色的黄沙纹、红色的赤线等。这些石筋清晰流畅，走向自然始终不断，或断而可寻。

5.鉴别灵璧磬石的"色"

放眼望去，从石农庭院、石馆，到奇石展览，灵璧磬石的石色大多是黑漆漆、脏乎乎的。灵璧磬石的人为加工的石色有以下三种：

图15-1 《马上封侯》 灵璧珍珠石
19cm×12cm×36cm 孙福华 藏

(1) 黑白分明, 平滑光亮

这是人们最常见到的人为加工的灵璧磬石的石色。灵璧磬石表面的石灰被刷净后, 加工者用粗、细砂纸仔细地打磨, 待石肤的表面光滑后, 再用湿抹布轻轻擦试, 石缝处留下一些刷剩的石灰。这时, 加工者便在石头的表面涂一些黑鞋油、上一些蜡; 然后, 用抹布仔细地、长时间地擦试石头的表面。这时, 处理好的灵璧磬石的表面颜色黑白分明, 显得有沧桑感。同时, 其表面比较光滑、手感好, 让人喜爱。这样的千篇一律的石色, 使初玩灵璧石的人还误以为灵璧磬石的石色本来就是这样的, 可见其做法危害之大之深。如果只是抹鞋油、上蜡也还罢了; 可恨的是, 在黑鞋油、蜡的掩盖下, 人为加工的"钻洞"、"磨峰"、"粘缀"、"凿印"、"锯丝"等, 就不容易被看出来了。上当受骗者如果不把磬石表面的黑鞋油、蜡清除干净, 可能一辈子都不知道自己花重金购买的"奇石", 竟然是人为加工的商品石。

(2) 黑色中有点、块状灰色, 但无光泽

灵璧磬石的这种石色, 多是20世纪80年代末, 加工者将磬石整体放在稀释盐酸里浸泡而形成的。最早的玩石者, 购买的灵璧磬石多是这种石色, 当然, 除去石色外, 其他都是天然的。

(3) 全黑而且发亮的颜色

这种灵璧磬石的颜色, 是用浓盐酸烧成的。因为这种磬石的外形大多是人工做出的, 加工者为了掩盖人工痕迹, 便用盐酸浸泡。浸泡一段时间以后, 黑亮的颜色掩盖了人为加工的痕迹。但是, 稍有点灵璧磬石知识的人, 凭肉眼即可轻易辨别, 可惜它却能骗过初次购买收藏灵璧磬石的人。

灵璧磬石天然的颜色, 可从未刷和已刷来观察。未刷的灵璧磬石的本色有三种: 第一种是长期裸露于地表的, 其石色是灰中泛出微微的黄; 第二种是半裸露于地表的, 它的颜色上半部是灰色, 下半部灰中寓黑, 有黄色的山泥 (见图15-2); 第三种是全部埋在土里的, 它的颜色是又灰又黄。以上三种灵璧磬石的石色, 给人的总体感觉是, 原始、沧桑、有泥土味。

刷净浮灰后的灵璧磬石的原始石色也有三种：第一种是墨玉磬石，它的石色是灰中泛出微微的黑色，如果再辅之以水养、手的经常抚摸、湿润气候的浸润等，就会出现黑而亮的包浆，观之胜玉，令人心净颐和；第二种是红玉磬石，即磬石表面有一部分石是红色，

图15-2 《英雄》 灵璧磬石
97cm×36cm×73cm 吕耀文 藏

其余部分的颜色与墨玉磬石一样；第三种是灰玉磬石，其石色是灰色中泛出微微的黑。这三种灵璧磬石的石色都是天然的石色，观赏者在见过它们之后都会自然而然地产生一种亲和力。观赏者如果朝它的石肤上微微哈上一口气，它的颜色就骤然变黑，且浮有水珠，然后又慢慢地返回本色。

6.鉴别灵璧磬石的"质"

（1）科学法

实验表明，灵璧磬石是一种致密的碳酸盐岩，其颗粒的直径为0.01—0.018毫米，近似等粒，其成分是方解石，大于95%，还有少量的白云石（小于3%）与少量的黄铁矿和铁的氧化物（小于2%）。随着科学技术的进步，运用仪器、仪表等现代科技手段来鉴别灵璧磬石的石"质"，已经成为大势所趋。同时，这样也更加显得公正、合理。

（2）刀刮法

灵璧磬石的硬度在摩氏6左右。所以，用利刃刮它的底部，不会出现石屑，而太湖石则有。

（3）抚摸法

灵璧磬石质地细密，抚摸它就像抚摸婴儿的肌肤一样，感觉温润、光滑、细腻。否则，有粗糙感、扎手的石头就不是灵璧磬石了。

7.鉴别灵璧磬石的"声"

　　由于灵璧磬石石质细密,它的成分中有少量的黄铁矿和少量铁的氧化物;同时,由于它的厚薄、孔洞以及悬的部位等不同,所以,敲击它的不同部位,它能发出"八音",且悠扬有余音,犹如"天籁"。而冒充的灵璧磬石,要么音色沉闷,要么悠扬但无余音。

8.鉴别灵璧磬石的"味"

　　刚刚扒出来的灵璧磬石,有泥土、田野的气息。整理好的灵璧磬石,有自然的气息,把玩一段时间后,灵璧磬石的整体便"烙"上了一种人为气息。但是上过蜡、涂抹过鞋油的灵璧磬石,则有刺鼻的异味。

二、灵璧纹石天然与否的鉴别

　　灵璧纹石形、点、色、味等天然与否的鉴别,赏石者可以参照灵璧磬石的鉴别方法。灵璧纹石一般没有声音、没有石筋,但是,它的石纹比灵璧磬石美妙。比较美的石纹有:"蝴蝶纹"、"凤凰纹"、"龟纹"、"猫头纹"、"印花纹"等。但是,人为加工的石纹,其形状也是仿照这些的石纹。鉴别灵璧纹石石纹天然与否的方法,赏石者可以参照灵璧磬石石纹的辨别方法。

　　同时还要注意四看:一看人物、动物等眼部的圆形纹,它是否是人为加工的。二看石的上下以及四周,这些部位的石纹是否连贯,一般人为加工的石纹多集中在石的正面,且多是比较珍贵的石纹。三看孔、洞、穴等处是否有石纹,有则是天然。四是在清除其表面的黑鞋油、蜡以后,再用放大镜仔细地观察石纹。

三、灵璧石其他种类天然与否的鉴别

　　灵璧图案石。其石筋凸出石肤的表面,同时,它又深入石体里,这样的石筋不易人为。石筋构成的图案,大多是混乱的、无序的、令人乏味的,因而加工者更不会浪费时间去人为加工它。

　　灵璧珍珠石。其珍珠凸出石肤表面,加工者无法加工它,至于加工者用凿下的珍珠粘成各种明显的图案,赏石者可以用肉眼就能够轻易地辨别它。

　　灵璧花山玉,硬度高,石质似玉,形状变化少,目前没有人为加工的

价值。

灵璧五彩石。由于其硬度低，易被人加工。加工后，用粗、细砂纸打磨、上蜡，再用火熔之，这时它便容光焕发、光可鉴人了。

灵璧金钱石。形状大多天然，但是，由于其形状变化很少，多呈现块状，因此，只宜当作一个石种来收藏。

白灵璧类。天然的形状一般，目前市场上的该类石，都是整体人为加工后，用盐酸浸泡而成的。

总之，以上鉴别灵璧奇石天然与否的方法，要在寻石、玩石、藏石、赏石的实践中灵活运用，并随着科技的发展而不断地更新。当然，多向产地人学习，肯定会少走弯路。

第三节　灵璧石的三个等级与划分依据

近十年来，在各地举办的奇石展览会上，灵璧石不仅尊贵地出现在展厅里，而且更多地充斥于地摊上。有时几十车几百车的数量，把展览会变成了名副其实的灵璧石展销会。面对这些情况，人们不禁纳闷，灵璧石还有没有档次？值不值得珍藏？其实同所有收藏品都有低、中、高几个档次一样，灵璧石也有三个等级，这就是灵璧商品石、灵璧奇石和灵璧奇石艺术品。

一、灵璧商品石

马克思说过："商品就是用来交换的劳动产品。"因此，灵璧商品石就是为了交换获利而对其形式进行有意识地整体人为加工或部分人为加工的灵璧石。由此可见，灵璧商品石包括两部分：第一部分，其形式是整体人为加工的，加工的材料是灵璧石。加工的形式主要有六种：一是按照购买者的要求而加工的。二是按照已卖出高价的奇石形式而加工的。三是按照传统的瘦、漏、透、皱的赏石模式而加工的。四是按照外部现实世界的具体物象而加工的。五是按照石谱里奇石的形式而加工的。六是加工者根据自己的意图而加工的。

由于是人为加工的，因此，这一部分的灵璧商品石，其形式比天然的灵璧奇石更好看、更夺人眼球，当然也更吸引人购买，笔者曾经在奇石展销市场上看到过用灵璧磬石材料整体加工的各种各样的动物。其中的一只凤：头、凤冠、凤尾都有，被一位广西奇石爱好者以一万元的高价买走。当然，在产地人的眼里，整体加工的灵璧商品石还是比较容易鉴别的。

第二部分的灵璧商品石，其形式是部分加工的。部分人为加工的灵璧石，辨别的难度比较大。当然，有的灵璧石，虽然其形式是天然的，但是，由于其形式不具有形象性，更不具有感染力，因此，这一类的灵璧石也属商品石的范围。

二、灵璧奇石

灵璧奇石，就是灵璧石以天然形式存在的，具有形象性、感染性的审美客体。灵璧奇石的这个定义包含四个方面相互联系而又不可分割的内容：

其一，它的形式必须是纯粹天然的，具有天然性。天然性指的是灵璧奇石的外部形式即外形，与它的内部形式因素即点、纹、筋、色、声、质、味等都是天然的，没有丝毫的破损与人为痕迹，如奇石《抽象1号》（见图15-3）。它们的石皮都是完整的，没有丝毫的破损。它们的形式都是天然的，没有丝毫的人为痕迹。

其二，这个天然形式必须是一个审美客体，具有形象性。形象性指的是灵璧奇石的形式是具体的、直观的、能为赏石者的感官直接感知的感性存在。灵璧奇石的形象性表现在它的外部形式或内部形式两个方面。灵璧奇石的外部形式如果在审美中占据主导地位，起着决定作用，那么，它的形式要么展现具象美、要么表现出意象美、要么表现为抽象美。灵璧奇石的内部形式如果在审美中占据主导地位，起着决定作用，那么，它的形式因素中的一种即能具备抽象审美价值，比如灵璧珍珠石珍珠的点、纹、筋等所具有的抽象意味。

其三，这个天然的具有形象性的审美客体还必须具有感染性。感染

性，指的是灵璧奇石形式
的情感表现性。

其四，这个天然的
审美客体的载体是灵璧
石。

由此可见，判断一块
灵璧石是商品石还是奇
石的依据有三条，即天然
性、形象性、感染性。因
此，一块灵璧石，如果它
的形式是天然的，同时，
它的形式又具有形象性
和感染性，那么，它就是
灵璧奇石。如果它的形式
是天然的，但却不具有形
象性、感染性，那么它就
不是灵璧奇石。当然，如
果它的形式是非天然的，
即使它的形式再美、再夺

图15-3 《抽象1号》 灵璧磬石
58cm×33cm×79cm 徐有龙 藏

人眼球，它也只能是一个工艺品、一块商品石而已。

在确定灵璧石是商品石还是奇石的过程中，天然性是至关重要的。
它不仅关系到灵璧石的声誉，还直接关系到它本身的存亡。明朝时，王
守谦在其《灵璧石考》中记载：在宋朝时，灵璧石的挖掘、收藏已成风
气，"凡牧竖樵子莫不求石"，"一入灵境，莫不侈口谈石，突然风尚，良
可骇异"。但是，"其后渐销落也"，达三百余年。

今天，灵璧石的挖掘、赏玩、收藏、买卖，已非昔日可比。但是，造假
的灵璧石、人为加工的灵璧石，还没有引起当地管理部门的重视。购买
者、收藏者常受其骗，也深受其害。因此，在管理部门加大查处造假灵

璧石工作力度的同时，玩石者、赏石者掌握一些鉴别灵璧石天然与否的知识与方法，就显得尤为必要。

三、灵璧奇石艺术品

灵璧奇石艺术品就是形式里蕴涵着某种精神内容或意义的灵璧奇石。

灵璧奇石艺术品形式里蕴涵着的某种精神内容，其实就是一种气质、一种风采、一种神韵。如奇石《女王》，所表现的"女王"的神韵美，令人过目不忘。灵璧奇石艺术品形式里蕴涵的某种精神意义，其实就是一种意境、一种氛围、一种心灵与形式相互敞开转让时的整体境域。如奇石《嵩门待月》的意境，是赏石者心灵栖居的山林，"山前无灯凭月照，嵩门不锁待云封。"当然，除了灵璧磬石这个种类外，灵璧石的其他种类也出现了艺术品级的奇石，如灵璧珍珠石《纯构图1号》、灵璧图案石《虞美人》等。

由此可见，划分灵璧奇石与灵璧奇石艺术品的依据是，它的形式里是否蕴涵着某种精神内容或精神意义。

总之，灵璧石的三个等级是呈金字塔状排列的，高居塔尖的灵璧奇石艺术品，其数量是很少的，拥有它，一要有石缘，二要有眼力，三要有财力，三者缺一不可。而灵璧奇石则能满足很多赏石者的愿望，至于灵璧商品石，它能使众多的玩石者倾情其中，后悔着并快乐着！

第四节　灵璧磬石的残缺美

"灵璧磬石天下奇，声如青铜色如玉。"因此，具有音质美的灵璧磬石，它还同时具有形象美、石色美、纹理美等。然而，说它具有残缺美，很多人可能不以为然。在这里我们从另外一个角度来阐释灵璧磬石的审美价值，即它本身的与生俱来的缺陷、残缺等，不仅不影响它整体的美，反而可以增加其魅力的一种审美特性。

一、石根：真实、亲切

　　清赵希鹄在《怪石辨》中说："其石不在山谷，深土中掘之乃见。"因此，明林有麟在《素园石谱》中说："石底多碛土。"

　　碛土的部位即为石根，就是灵璧磬石的底部或背部与黄红色的山地接触的地方。由于几亿年的氧化、腐蚀等原因，石根上粘有的这些黄红色山泥以及硬度低于它本身石质的石屑等不易清除。灵璧磬石的石根，一般是在整块奇石的背面，如奇石《大展宏图》（见图15-4）。如果出现在底部，如图《蚕王》（见图15-5），那是最佳的位置。因为石根在底部，整块奇石就四面成景了。六面成景灵璧磬石较少，也比较珍贵。

　　灵璧磬石的石根，一般都比较平、直，没有起伏凹凸状。因此，从审美的角度看，它是一处缺陷，有时，它那不易清除的山泥或碎石屑，在某些人看来还可能是一处累赘。但是，灵璧磬石的石根在灵璧奇石天然与否的鉴别中又处于很重要的位置，它的有无，是判断灵璧磬石天然与否的一个标准。人类具有追求真的本性，特别是在奇石收藏领域，赏石者

图15-4 《大展宏图》 灵璧磬石 　92cm×31cm×69cm 　吕耀文 藏

对奇石的"真"与"假"，即天然与否特别在意。同时，赏石者在长期的玩石、赏石、藏石等具体实践中积累了很多识别其天然与否的经验。

懂行的赏石者从灵璧磬石的石根上，一眼就可以大致判断出它形式的天然与否。如果有石根，它的背面或底部就是天然的，反之，则是"减肥"或"截底"的。而"减肥"或"截底"过的灵璧磬石就不是灵璧奇石了。因此，石根是灵璧奇石的身份证。有了这张身份证，赏石者才敢与它接触，它也才能引起赏石者的审美注意。赏石者通过视觉、听觉等感知它的形式，它也以自己真实的天然形式打动赏石者。于是，赏石者对它产生了情感，与它融为了一体。

根，它给人以真实的感觉与亲切的意味。灵璧磬石的石根，即如此！

二、缺陷：个性、想象

灵璧磬石的缺陷，是指它的某一部分或某些形态与外部世界的物象相比，或者与赏石者的心理预期相比，有欠缺，有那么不十全十美的地方。众所周知，只要是天然的奇石，它就总是有缺陷的，而灵璧磬石的

图15-5　《蚕王》　灵璧石　101cm×16cm×39cm　　吕耀文 藏

缺陷,有的能使它的整体看起来很独特,具有与众不同的个性美。同时,这些缺陷也给赏石者以想象的空间、联想的契机。如奇石《大展宏图》,该奇石中的大鹏的左翅膀完全展开,翅形俊美,显得奋发昂扬而又咄咄逼人。但是,它的右翅膀完全出乎赏石者的意料。也就是说,一般赏石者会认为这个部位是一处缺陷,不够完美。因为它没有随着左翅膀的展开而展开,它只是半开着,而且没有翅尖(笔者以为此处是老断,但经过仔细地观察、鉴别,最后判定该处确系天然)。正是这半开的右翅,具有独特的、对比鲜明的个性特征,赏石者越看下去,越能从中想象出更多的意味来!

三、天残: 标志、联想

灵璧磬石的天残,指的是在亿万年的生成过程中,它的某一部位与别的石块碰撞或挤压而缺少的一部分。因而,从整体看,它似乎是不完整的,甚至比缺陷更严重。但是,与石根缺陷一样,灵璧磬石形式上的天残也是与生俱来的,人类既无力也无法改变它。天残的部位如果出现在整块奇石的底部或侧面,那么,它对整块奇石的审美并不会构成太大的负面影响。如奇石《蚕王》(见图15-5),蚕王尾部的侧面有一块长19厘米、宽5厘米的天残。这一部位的天残,并不影响整体审美,相反,因与众不同,从而引起赏石者的好奇与联想。

天残的部位如果出现在整块奇石的正面,如奇石《谁与争锋》,那么,赏石者的第一感觉就是:虎王的背部如果没有那块"疤"就更完美了!是的,在接近9米高的巨大石体上,虎王头越峰顶,尾达底部,正面的石花仿佛虎王爬山时扭动的斑纹,洋溢着青春的活力。令人扼腕的是,在虎王的背部,那极具力量感的脊骨上有一块"伤疤"。但是,虎王似乎没有感觉到那块"疤"的不雅,相反,还炫耀似地将它大大方方地呈现在人们第一眼就能看得到的突出位置上。笔者也是在感叹、惋惜之余才了悟了虎王的用意:虎王之所以能够跃上峰巅,回首时,已无任何同伴能够与它同行,靠的是什么?靠的是打拼,是搏斗,是必胜的信念!而那块"疤",正是虎王与所有对手搏斗并战胜所有对手的标志。

最后特别强调，本文所阐述的灵璧磬石的残缺，绝不包含人类加工的残缺，如钻洞、磨峰、粘缀、凿印、拉纹等。这些人为的残缺，不仅破坏了灵璧磬石的"原汁原味"，而且还损害了灵璧磬石的声誉。

总之，灵璧磬石的残缺美，即它与生俱来的石根、缺陷、天残等，不仅不影响它整体的审美价值，反而使它具有真实的亲切感、个性美以及独特的意味，而这些又给赏石者以想象的空间、创造的契机！

第五节 灵璧磬石的动势美

王朝闻先生认为，奇石的"下压感相当于稳重感，上宣感相当于扩张感或延伸感"，因此，"这种静中见动、未动而欲动的山体特征，也就是所谓动势或动态的美。"[①]与其他奇石相比，灵璧磬石的动势美有着独一无二的特点，这主要体现在它本身所独有的"石花"（即形状如波浪般的石条）上，"石花"的方向不同，它所具有的动势美也不同。

一、"石花"倾斜，展示张扬美

灵璧磬石的"石花"如果是倾斜的，那么，它所具有的动势能够给观赏者带来一种张扬美。其主要特点如下：一是主体粗壮、雄健；二是主体四周的"石花"根根独立，互不粘连，长短不等，大小各异。"石花"的方向大多是呈倾斜状的，给人一种节奏感；三是倾斜状的"石花"，使得灵璧磬石的整体形态具有一种包孕性顷刻的特征，即"最能产生效果的只能是可以让想象自由活动的那一顷刻了，我们愈看下去，愈能从中想象出更多的东西来"[②]。

如《火麒麟》，该块奇石形体巨大，给人一种威猛的力量感。赏石者如果站在距离它五米以外观看它，该"麒麟"身上的大多呈倾斜状的"石花"，犹如一团团正在燃烧着的"火焰"。这些倾斜状的"石花"，与它腾空的身体一起形成了一个浑然的整体。这个整体所洋溢着的似火激情，恰似刘欢的《好汉歌》，总是让人热血澎湃，总是给人蓬勃的朝气、昂扬的活力！

二、"石花"竖列,彰显流动美

灵璧磬石的"石花"如果是竖列的,那么,它所具有的动势则好像波浪一般,能够给观赏者带来一种流动美。其主要特点如下:一是主体厚重、雄奇,大多呈立式;二是"石花"长在主体正面的石肤上(石根在背部);三是石花"大多呈上下竖列,脉络清晰,犹如海面陡立的水波浪。

这些竖列的"石花",与灵璧磬石的整体形状浑然一体,给人一种流动的美感。如《独来独往》,该块奇石顶部的竖列"石花",仿佛是条条扬起的马鬃,它与高昂、嘶鸣着的马首,腾空的前蹄,隐没在缭绕祥云中的身体一起,形成了腾云驾雾的天马形象。特别是,这些竖列着的"石花",为该块奇石的天马形象增添了独来独往的特性,给人一种奇异的流动美感。这种流动美,仿佛王菲演唱的《心经》,能够给人带来一种空灵、跳跃的心情。

三、"石花"横排,表现韵律美

灵璧磬石的"石花"如果是横排的,那么,它的并不单调的重复就能够给观赏者带来一种韵律美。其主要特点如下:一是横排"石花"的重复是间距不同、形状大致相同的重复;二是横排"石花"的重复是形状不同、间距大致相同的重复;三是横排"石花"的重复还可能是别的方式的单元重复。这种重复的首要条件是"石花"横排的相似性。

如《门神》,该块奇石左侧横向排列着四根"石花",而右侧却一根也没有,或者说"石花"不明显。"石花"虽然是横向重复排列的,但是,它们并不显得单调,其中,最上面一根横向排列的"石花",它天然裂成不规则的四瓣,仿佛是雄狮的眼、鼻与张开的大嘴。这些横向排列的"石花",与它的整体一起所形成的韵律美,给人一种和谐的美感。

当然,没有"石花"的灵璧磬石,有的也有动感(见图15-6)。但是,这种动感,给人的是一种不动之动的美感,其实是一种动感的"暗示"和"诱发",是让赏石者自己去设想它的运动方式。

总之,赏石者在欣赏灵璧磬石不同的动势美时,就像在聆听不同的

图15-6 《封侯》 灵璧磬石
35cm×31cm×66cm 金龙冠 藏

歌曲一样，能够产生不同的情感，品出不同的韵味，悟出不同的意义。

第六节 灵璧磬石的多义美

在鉴赏灵璧磬石的过程中，常常会出现这样的情况：同一块灵璧磬石，由于观赏者的视角不同，它能够展现不同的形象；同一块灵璧磬石上的不同部分具有不同的形象，而这些不同形象却能够强化同一个主题。因此，灵璧磬石形式中的这些具有差异、变化、对立的各种形式因素形成一个浑然的统一体，其所带给赏石者的美感，就是灵璧磬石的多义美。

一、同一整体：不同观赏角度所产生的多义美

灵璧磬石具有高度、宽度和厚度，并与赏石者处于同一空间。因此，赏石者在观赏它的时候，由于视角的转换，同一块灵璧磬石的形象、神韵会出现多种复杂的变化，产生不同的美感，具有多义美。如奇石《孔雀》(见图15-7)，从正面看，该块奇石的整体很像正在开屏时的孔雀，右边很小的头微微昂起，劲健的胸部丰满而光滑，清晰的翅骨具有力量感，左边的尾屏仿佛正在慢慢地打开。但是，赏石者如果站在左前方观赏，该块奇石的整体则又像趴着的雄狮(见图15-8)，左边的狮头硕大，毛发浓密，眼睛微闭，嘴巴微张，前爪微抱，似乎正在趴下。身体光滑、粗壮，肌肉突起，右边的尾巴则警觉的扬起。

这一块灵璧磬石，由于赏石者赏石的视角不同，它不仅带给赏石者两个不同的形象，而且，赏石者还能从这两个不同的形象上体会到它不

同的神韵。《孔雀》有一种悠闲的韵味,《卧狮》则洋溢着一股威猛的精神,给人一种随时能一跃而起的气势美。

二、同一整体上的不同石块: 相同指向的多义美

灵璧磬石形态的形成纯属偶然,在长达7亿—9亿年的地质变动中,"石在土中,随其大小,具体而生"。然而,灵璧奇石具有差异性的不同石体,却能使赏石者从它们静止的形象中,联想出它们的不同内涵。具有差异性的这两个不同的石体,由于形态的不同而又能强化一个主题、表现一个内容,因而它在愉悦赏石者的感官,陶醉赏石者的情感之后,还能使赏石者进入大美的艺术境界。如奇石《爱》(见图15-9),该块奇石有左右两个石体,左边石体大而厚重,略呈菱形状;右边石体较小,形状细长,上小下大。

图15-7 《孔雀》 灵璧磬石
52cm×21cm×26cm 石新生 藏

图15-8 《卧狮》 灵璧磬石
52cm×21cm×26cm 石新生 藏

这两个不同的石体只有上与下两处连接在一起,上边的连接点极小,连接处有白色石筋,正像相"吻"的瞬间。下边的连接点较大,像正在拥抱。左边石体的形体动作更稳重、大方,而右边石体的形体动作则激情似火。当然,这两个不同石体所共同表现的"爱"的主题,能给赏石者很多的想象空间。

三、同一整体上的不同石块: 不同指向的多义美

灵璧磬石上的不同石体，由于赏石者观赏角度的不同，具有不同的形象。这些不同的形象具有不同的意味，展现不同的精神面貌。不仅如此，这些不同的形象还能和谐地统一于一块奇石中，形成一个浑然的统一体。如奇石《金鼠乘龙 富贵中华》(见图15-10)，就是赏石者从正面观赏该石的结果，神龙身上趴着一只金鼠。但是，赏石者如果从右后方观赏该石，就成为《神龙驮蟾

图15-9 《爱》 灵璧石
45cm×31cm×63cm 吕耀文 藏

纵横天下》了，该块奇石具有多义美：①不同的形象：神龙与金蟾。②不同的形体：神龙瘦长、劲健，而金蟾则饱满、敦实。③不同的动作：神龙昂头、张嘴、甩角、扭身，展现腾云驾雾状，而金蟾则勒着头、闭着嘴、低着眼、弓着腰，露出谨小慎微状。④不同的内心世界：神龙洋洋自得、无畏无惧，而金蟾则低调、怕事。⑤不同的象征：神龙是奋发有为、昂扬开拓的精神象征，而金蟾则是谦虚谨慎、善良诚实的代表。

另外，灵璧磬石的内部形式因素，即点、纹、筋、色、声、质味等，也能够对它整体的多义美产生烘托、渲染、衬托等作用。如奇石《孔雀》左边的石皮上的石纹，既展现了孔雀羽毛的特点，又表现了雄狮头部的特征。如奇石《爱》，接吻的结合点处的白色石筋，会让人很自然地联想到钻石，联想到永恒。如奇石《金鼠乘龙 富贵中华》，敲击该块奇石的不同部位，

它发出的不同磬音,既给人一种亲切感,又让人产生一种神秘感。

　　总之,灵璧磬石的多义美就是其形式的变化美。这种变化既要出乎人的意料,又要符合人们的审美习惯、审美标准,更要蕴涵某种精神内容或意象。如此,灵璧磬石的多义美所展现的才是一个神奇而又个性鲜明的艺术形象!

图15-10　《金鼠乘龙　富贵中华》　灵璧磬石
132cm×52cm×83cm　吕耀文　藏

①王朝闻:《石道因缘》,浙江人民美术出版社2000年版。

②莱辛:《拉奥孔》,人民文学出版社1979年版。

附录二 奇石赏析

图1 《神龙驮蟾 纵横天下》 灵璧磬石 132cm×52cm×83cm 吕耀文 藏

　　该块奇石属于灵璧石八大系列中的第一大系列——灵璧磬石系列，该系列可以细分为墨玉磬石、红玉磬石、灰玉磬石。在多数情况下，一块奇石只能表现一个形象，但该块奇石则是特例，它展现了神龙和金蟾两个形象。神龙体形瘦长、劲健，而金蟾则饱满、富态。神龙昂头、张嘴、甩角、扭身，呈现腾云驾雾状，而金蟾则昂着头、闭着眼、弓着腰，露出谨小慎微的形态。为了突出神龙形象，该奇石名为：《神龙驮蟾　纵横天下》。

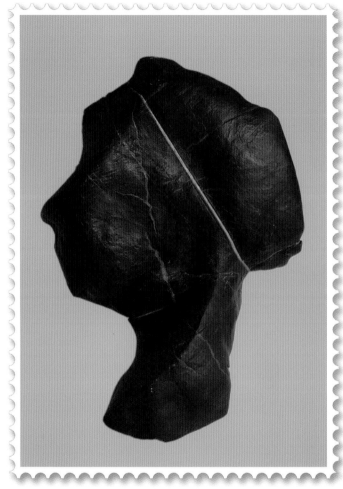

图2 《女王》 灵璧磬石 15cm×7cm×21cm 吕耀文 藏

　　该奇石是灵璧墨玉磬石，其整体形状很像英国邮票上的女王头像，奇石上没有丝毫人工痕迹，是大自然的鬼斧神工之作。一条天然洁白的石筋，似一条玉带，上部像是王冠。自然的石纹、骨感的玉肩、凹凸的颈脖、挺直的鼻梁等，无不使人惊奇。该奇石质地纯正，色如墨玉，再辅之以洁白的、淡黄的石筋，使整块奇石的石色更显得既富有变化，又恰到好处。

图3 《嵩山吐月》 灵璧磬石 106cm×47cm×46cm 吕耀文 藏

　　该奇石是灵璧墨玉磬石。远远望去，整座山的山坡、山岭、山脊、悬崖、峭壁、山峰等形成曲折回荡之势、波澜起伏之状。因其左边山峰上有一椭圆形石洞，故被命名为：《嵩山吐月》。轻轻叩击该石右峰的悬空处，会发出清脆悦耳的声音，令人陶醉。当然，其意境美更是表现在它的四个统一上。①"皱"（石表上的众多坑子纹形成山的走势，曲折回环）与"润"（峭壁部位温润的石皮）、"滑"（左山顶的直线形状，右山顶的凤首形状）的对立统一；②"悬"（避雨处）与"平"（和缓的坡）的对立统一；③"高"（山峰）与"低"（山谷）的对立统一；④"露"（山的凸出）与"藏"（山的凹陷）的对立统一。

　　著名赏石家薛胜奎先生赋诗赞曰："与石为伴是芳邻，常使书斋气象新。莫叹人间缺少爱，平生愿做采石人。"

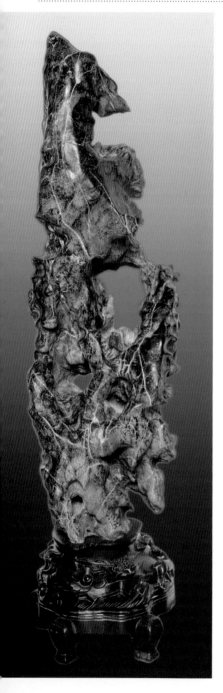

该奇石是灵璧墨玉磬石，其形成历史距今约5亿—7亿年，主要成分是方解石（95%以上）、白云石（3%以下）以及黄铁矿与铁的氧化物（2%以下），主要产地在安徽省灵璧县渔沟镇。

《青云峰》石质细腻、温润，特别是它的顶部，犹如青铜所铸，尽现铮铮铁骨般的浩然正气，给人以昂扬、旺盛的斗志。它的立点较小，宽厚相当，尽现"瘦"之形，给人一种玉树临风的美感。周身的孔、洞、穴布局巧妙，这些"漏、透"的孔、洞、穴等给人一种奇幻的感觉。同时，它的石肤上长有很多大小、粗细不等的白色石筋（石英脉），犹如山间的溪水、瀑布。这些不同的美融汇一体，使得似"一柱擎天"的奇石既雄奇险峻，又空灵秀雅。

面对这样的奇山秀水，赏石者怎么会不"诗意地栖居"在这里呢？当然，有的观赏者说：该款奇石的上部像一只昂首的羊；也有的观赏者说：该款奇石的上部仿佛是一尊昂首的鹿。

图4 《青云峰》 灵璧磬石
38cm×39cm×139cm 吕耀文 藏

图5　《金鱼戏水》　灵璧石　63cm×25cm×39cm　吕耀文 藏

该奇石是灵璧墨玉磬石，其美感主要表现在以下四个方面：①造型逼真。"鱼"的头、尾、鳃、眼等部位基本特征明显，仿佛是一条正在戏水玩耍的金鱼，特别是它的尾部，好像是在用力地划水，从而使得鱼尾高高上扬，给人一种力的美感。②比例匀称。该奇石大小与真鱼的大小相当，且长、宽、高之比符合"黄金分割律"。③动感活泼。硕大的鱼头，显得彪悍、有力。同时，它呼吸的鼻孔、寻觅的眼睛、扬起的尾部、扭动的身躯等，无不展现其活泼的生机。④石筋奇特。鱼嘴、腹、尾等部位的石筋凸起，其白、黄、青等三种石色的石筋交织在一起，仿佛是闪亮多彩的鱼鳞，更彰显其名贵。

当然，上海市的一些石友认为，按照传统，该奇石的鱼头应该昂起，也有一些石友认为，还是"闷头发大财"的好！

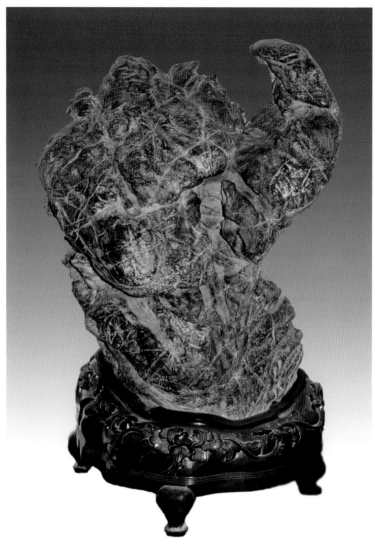

图6　《眺望》　灵璧磬石　51cm×39cm×81cm　沈飞 藏

该奇石是灵璧墨玉磬石,它仿佛是美丽的凤,正在回首眺望。凤首与回拢的凤尾之间有大的孔洞,因此,如果用手去敲弹奇石的不同部位,会发出不同的磬声,空灵、清脆而又余音缭绕。

图7　《门神》　灵璧磬石　52cm×29cm×86cm　倪强 藏

　　该奇石是灵璧墨玉磬石，其特点是石肤上有很多凹陷的斑点，这些斑点的形状有大有小。其整体形象仿佛是一尊镇宅看门的雄狮，很有动感，嘴张、足舞、立起。如果将之摆放在入门处，是一尊不可多得的"门神"！

图8 《有凤来仪》 灵璧磬石 39cm×38cm×121cm 沈叶凤 藏

　　该奇石是灵璧墨玉磬石。其整体形象仿佛一尊正在眺望的玉凤,形体极具动感,呈"S"形。有石友还认为:从正面看,它的整体形状还像母与子。

图9 《恒山翠屏》 灵璧磬石 133cm×49cm×79cm 徐有龙 藏

　　该奇石是灵璧磬石系列中的墨玉磬石。其特点之一是石皮上有很多奇特的石纹，其形状主要有：胡桃纹、鸡爪纹、树皮裂等，石纹能够给观赏者带来"皱"的美感。二是石皮上还有不同颜色的石筋（石英脉），如玉脉（白色）、卧沙（棕色）、赤纹（红色）、金星（黄色）等，它们能为观赏者带来温润的感觉。三是经过观赏者的敲或弹，奇石的不同部位能发出不同的磬声，余音袅袅，经久不息。

　　该奇石两山脚向里环抱，中部山峰饱满而耸立，后部山峰更是直立，前、后两座山峰之间是左右方向延伸的山沟。远远看去，整座山峰仿佛是一个翠屏，山环水绕，具有风水价值。

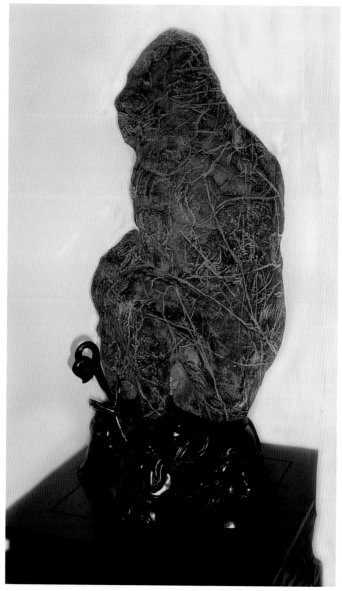

图10 《封侯》 灵璧磬石 35cm×31cm×66cm 金龙冠 藏

　　该奇石是灵璧墨玉磬石。其整体形象像一尊神猴，它刚刚接受完封赏，志得意满，雍容大度。

图11　《玉台浮云》　灵璧磬石　69cm×39cm×52cm　周克平　藏

　　该奇石是灵璧红玉磬石，因其石顶部呈现暗红色。奇妙的是，奇石顶部平坦，下有三条山沟，沟深而阔，水汇入其中的一条主山沟，流入山后。整座山峰山环水绕，清雅秀丽。

　　宋代司马光《和任屯田感旧叙怀》："自致青云今有几？化为异物已居多。"明代徐渭《上督府公生日》诗："未逢黄石书谁授，不坠青云志自强。"当然，青云还有许多美好的寓意。因此，如果将该款奇石摆放在客厅的正面，既能够寄托主人的某种情怀，又能够镇宅、纳福！

图12 《万寿山》 灵璧磬石 155cm×151cm×169cm 吕耀文 藏

该奇石是灵璧灰玉磬石，体量大，气势恢弘。周围凹凸有致，而石顶则浑圆光滑。左右两座山峰像两只龙龟，且两只龙龟之间有孔、洞六处，中间的孔大而前高后底，寓意财源滚滚流入家中。如果将该款奇石放入别墅主房的中间，既可以四面观景，感受它的不同风貌，又可以降福、纳财。

图13 《天马》 灵璧磬石 158cm×61cm×196cm 吕耀文 藏

　　该奇石是灵璧灰玉磬石。石体较大，形态似在祥云中独往独来的天马。马嘴张开，仿佛在嘶鸣；马鬃根根直立，飘逸潇洒；马的前腿跃起，气势如虹；而马的身体，则淹没在翻滚的祥云之中。自古以来，天马就是中华民族的吉祥物，天马的形象通常为奔腾的骏马。在西方，天马的形象是背生双翼的奔马，是神话中的形象之一。

图14　《禄丰龙》　灵璧磬石　139cm×63cm×128cm　吕耀文　藏

　　该奇石是灵璧灰玉磬石。整体形状仿佛是禄丰滇中龙，其势若飞，动感极强。更让人惊异的是，其身上的石筋粗大、洁白，给人一种温润的感觉。禄丰滇中龙是一种小型的鸟脚类恐龙，体长仅约一米，发掘自下部禄丰组地层中红色砂岩，仅有一件不完整的头骨以及一对下颌骨。它形貌非常原始而小型，头颅纤细。

图15 《三重天》 灵璧磬石 39cm×53cm×76cm 上海商贸学校 藏

　　该奇石是灵璧灰玉磬石。其特点是表面的石色富有变化,刚出土时,呈现土灰色,清理干净后灰中透青、青中泛黑。长时间把玩后,则色如墨玉,包浆醇厚,黑里透亮。该奇石整座山峰大气而空灵,飘逸而有意味,能够给人以美的遐想。

图16 《艺伎》 灵璧磬石 18cm×21cm×66cm 张和平 藏

该奇石是灵璧灰玉磬石，其整体形象好像是正在行走中的一位日本艺伎，头微低，背略弓，还有背后那个包包结腰带。同时，她翘臀收腹、形体凹凸有致，极具美人的气场。她的膝盖及以下部位隐没在祥云里，由此可以想象她的身材是多么地修长、迷人！

图17 《拿云峰》 灵璧磬石 68cm×46cm×45cm 杨荣本 藏

该奇石是灵璧灰玉磬石，其特点是石质坚硬，摩氏硬度5—7。因此，其石体上很难形成孔、洞和穴，如果灵璧磬石上有孔洞，就稀少而珍贵。灵璧磬石石质致密，呈现显微、镶嵌结构，故能呵之成气。更奇特的是，其石皮细腻、滑润，抚之若肤，长时间把玩后，奇石富有书卷味。

该奇石其整体形状飘逸、灵动，横向的山体立在两个很小的基点上，极具飘逸感。山体上有一朵似凤、似鸟、似云的山峰，增强了整块奇石的灵动感。

图18 《祥云峰》 灵璧石 50cm×32cm×161cm 倪强 藏

该奇石是灵璧灰玉磬石,其形状千变万化,鬼斧神工,这是灵璧磬石的重要特征。这块奇石整体高瘦而多孔洞,首部昂扬而身姿多变化,是传统型奇石中的上品。

图19　《火麒麟》　灵璧石　158cm×50cm×106cm　吕耀文　藏

　　该奇石的整体造型好似一尊洋溢着青春活力的、"风风火火闯九州"的火麒麟形象。遍布周围的"石花"，像一团团正在燃烧着的火焰，令人回首再三，不忍离去。它们的大小、跃动的姿态等都恰到好处，有一种添之多余、减之不当、改之乏味、删之减色的和谐美。

　　作为传说中的瑞兽（龙、麒麟、神龟）之一，该块奇石适宜摆放在别墅大厅正面的墙壁前，既大气又镇宅。

　　著名赏石家薛胜奎先生赋诗赞曰："虚度四十陋室空，玩石还似小顽童。风光如此谁得似，造化自然鬼斧功。"

图20 《倾国倾城》 灵璧图案石 33cm×15cm×37cm 吕耀文 藏

　　该奇石属于灵璧石八大系列中的第二大系列——灵璧图案石系列。可细分为白筋黑底图案石、黑筋白底图案石、黑筋黄底图案石、黑筋红底图案石等。该奇石是白筋黑底图案石，其白色石筋所构成的图案，像正在舞蹈中的女神形象，舞姿优美，仪态万千，实在令人匪夷所思。"一顾倾人城，再顾倾人国。"遂以"倾国倾城"命名之。

图21　《虞美人》　灵璧图案石　33cm×15cm×37cm　吕耀文 藏

该奇石是黑筋红底图案石，它有三美：一美，石筋奇特。构成五官的黑色石筋，仿佛国画线描，且给人以浮雕的美感。右眼像丹凤眼，笑眯眯的；左眼吊梢，似乎在抛媚眼。二美，底色相宜。石色仿佛国画的渲染，淡淡的有一种朦胧美。三美，整体和谐。匀称协调的造形，黑色石筋构成的五官，以及红脸黑发等，令人见之惊喜不已。

图22　《洛神图》　灵壁图案石　23cm×6cm×27cm　吕耀文 藏

　　该奇石是黑筋白底的图案石,其图案仿佛飘然而至的洛神。洛神的头部是小块黑色石筋,呈瓜子形,上大下小。上半身是一块稍大的黑色石筋,腰部纤细,下面是一长条状的石筋,犹如长裙。洛神的裙带上下翻飞,劲健有力。同时,洛神身下的荷叶,犹如大写意的泼墨,给赏石者以别样的情趣。

图23　《百福图》　灵璧图案石　20cm×40cm×55cm　吕耀文 藏

　　该奇石是黑筋灰底的灵璧图案石。其特征是石筋凸出石皮表面，纹理走向无规则。奇石表面的黑筋所形成的图案，仿佛是在崇山峻岭之上，有无数的蝙蝠在飞翔、祈福。

图24　《哪吒闹海》　灵璧珍珠石　　53cm×26cm×38cm　　吕耀文 藏

　　该奇石是灵璧石八大系列中的第三大系列——灵璧珍珠石系列，可细分为灵璧黑珍珠石、灵璧红珍珠石、灵璧黄珍珠石等。产地主要集中在安徽省灵璧县渔沟镇西部白马村、渔沟镇以东的陶寨村等附近的山坡农田里。

　　该奇石是灵璧黑珍珠石，它的左上部有一个椭圆形黑色珍珠很像哪吒的头部，其头发、眼睛、鼻子、下巴等部位都很逼真。头部下面的一块珍珠，形状呈倒三角形，恰似哪吒伸出的右手和微微扭动着的上身。下面的若隐若现，仿佛是正在战斗中的哪吒的双腿。同时，其形象具有动态美，哪吒微扬的脸部注目于左下方，右手高高地扬着浑天绫，而臀部则用劲撅起着，腰部扭动着。至于他周围飘动的小鱼、水草、水泡等，更是衬托出哪吒闹海的乐趣。

图25　《纯构图1号》　灵璧珍珠石　23cm×9cm×46cm　吕耀文 藏

　　该奇石是灵璧黑珍珠石，其表面珍珠的组合排列毫无章法，而聚集在一起的珍珠有两处，分别位于该块珍珠石的左上部和右下部。这两处聚集在一起的珍珠，仿佛是唐代书法家"颠张醉素"两人笔下酣畅淋漓的浓墨狂草。同时，它也把赏石者带到了一个陌生、疏远的世界，尽管这个抽象的审美世界里蕴涵着丰富的表现性与情感。

图26　《可染墨牛图》　灵璧珍珠石　43cm×13cm×39　吕耀文 藏

　　灵璧珍珠石系列的奇石一般都具有几何状、平面化的特点。其珍珠有的小如芝麻，密密聚集；有的大一些，直径10cm左右，而直径在1cm左右的居多。该石的构图很有水墨意味，正面只有一个牛头，牛身仿佛没入水中，而其下面的珍珠，也好像许多的牛在嬉戏。

图27 《马上封侯》 灵璧珍珠石 19cm×12cm×36cm 孙福华 藏

　　该灵璧珍珠石很奇特。一是珍珠大，马头是一块珍珠，马的前腿和身体是一块珍珠，马身上趴着的猴是一块珍珠。二是石纹奇，马首、马身、猴等部位皆有石纹，马眼部位的石纹恰到好处。三是动感强。马的前腿跃起，整体形态有一种韵律美，我们仿佛能听到马的嘶鸣声。

图28 《人比黄花瘦》 灵璧珍珠石 25cm×9cm×39cm 吕耀文 藏

　　该奇石是灵璧红珍珠石，由七块不同形态的珍珠组合成仿佛是女词人李清照的形象。一块竖立的椭圆形，似女词人的头部，头部下面的珍珠呈柱体，是身体。袖起的双手、微缩的肩、腰……女词人欲止又行、缓缓而进，那真是"莫道不销魂"啊！

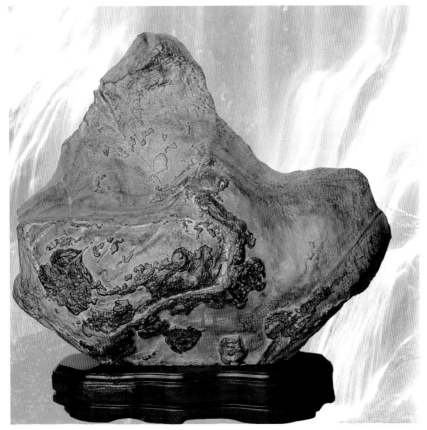

图29　《金龙腾飞》　灵璧珍珠石　41cm×8cm×38cm　孙福华　藏

　　灵璧珍珠石系列的珍珠形状大多呈点状的半球体，圆润而饱满，此外还有半圆柱体、半圆锥体等。灵璧珍珠石有三种颜色：一是黑色，光亮温润如墨玉；二是红棕色，特别少，因而珍贵；三是烟黄色，也比较少。

　　该块灵璧珍珠石的上面是很罕见的红色珍珠。构成金龙的头、身、尾等部位的珍珠呈连贯的条状，龙身中间的一根线，仿佛是脊骨。整个龙身呈现腾飞状，极具力量感，而金龙上下部位的珍珠形态各异，形断而意连，具有飞翔时的飘逸感。

图30 《神龟》 灵璧珍珠石 91cm×56cm×59cm 吕耀文 藏

　　灵璧珍珠石的形体大多呈薄片状，稍微厚的形体都很少见，而该款灵璧珍珠石的整体形象仿佛是一尊万年神龟，体量很大，稳如泰山。神龟的眼睛凸出，霸气得令人不敢直视。神龟的背上，布满珍珠，仿佛是千万年积淀的象征。

图31 《跃》 灵璧珍珠石 23cm×5cm×7cm 魏根生 藏

在灵璧珍珠石中，有造型的奇石很少。该款奇石的整体形状像一条跃起的鱼，其身上不同的珍珠仿佛是它特有的鱼鳞。奇妙的是，鱼头部有一个点状的珍珠，恰似鱼的眼睛，且位置也刚刚好。更奇妙的是，鱼的嘴部有一条石缝，恰似微微张开的鱼嘴。

图32 《临云峰》 灵璧金钱石（黄） 259cm×139cm×319cm
上海市上南中学（东校） 藏

　　该奇石为灵璧石八大系列中的第四大系列——灵璧金钱石系列，可
细分为红金钱石、黄金钱石、黑金钱石等，在产地也称碗螺石或龙麟
石。灵璧金钱石大多形状单一，但该奇石的形状却极富变化，给人以气
象万千的印象。临近观赏，顿生气势如虹之感。令人惊奇的是，它顶部的
孔洞别具意味！

图33　《文财神》　灵璧金钱石(黄)　50cm×30cm×116cm　吕耀文　藏

　　灵璧金钱石系列的形成历史距今约5亿年,主要产地在安徽省灵璧县境内的韩庄山南北麓、张寨、陈家村等附近。金黄的石色和密密排列的金钱纹,使整块奇石显得珍贵。同时,饱满、厚重的形体因为一条白色石筋而显得神奇。石筋的左上方,仿佛是文财神的脸部与胡须,而石筋的右下部,仿佛是文财神隆起的背部与上半身,神态显得儒雅而大度。

图34 《富贵柱》 灵璧金钱石（黑） 18cm×16cm×53cm 冯娟 藏

　　灵璧黑金钱石的数量比较少，非常珍贵。该块奇石的金钱纹铜钱般
大小，纹理清晰，密密麻麻，从侧面看，又呈现叠层状。同时，其块状的
几何造型简洁而又有现代气息。灰底黑纹的图案，具有协调的美感。

图35　《红叶》　灵璧金钱石（紫红）　19cm×16cm×55cm　吕耀文　藏

　　该奇石为灵璧金钱石。从平面看，金钱纹呈凹凸状，纹理是牛眼状圆形，铜钱般大小，密布且有规则排列，直观感强。该奇石紫红的底色、浅绿的金钱纹、金叶的形状，这些都给人一种富贵之感。如果将之摆放在居室玄关的位置，相信会产生奇妙的效果。

图36 《菁英满堂》 灵璧五彩石 128cm×58cm×178cm 上海市上南中学(东校)藏

　　该奇石是灵璧石八大系列中的第五大系列——灵璧彩玉石系列,可
细分为:黄灵璧石、红灵璧石、紫灵璧石、白灵璧石、五彩灵璧石等。该石
造型天然,形状饱满而富有变化。其五彩条带竖向排列,对比鲜明而有
玉质感。它们仿佛是从天而降的菁英,正在成就满园的辉煌!

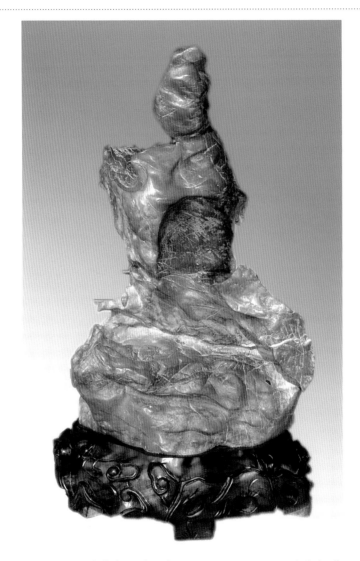

图37　《天女散花》　黄灵璧石　31cm×29cm×78cm　许继海 藏

　　灵璧彩玉石系列的形成历史距今约2亿—3亿年。其产地主要集中在安徽省灵璧县境内的朱照山南麓、土山东西麓、独堆山、小九顶山、乌山等附近的山坡田野里。该奇石好像天女面向左前方，眼睛微微右侧，看不见的右手仿佛在捧着花篮，而左手则优雅地用力洒着鲜花，播种吉祥！

图38　《圣火》　紫灵璧石　80cm×36cm×139cm　吕耀文 藏

灵璧彩玉石系列的特点是石色鲜艳、醒目、大气。尤其是五彩灵璧石的黄、绛、褐、红、青等石色，谐调而庄重，给人以很强的视觉冲击力。

该奇石的造型，似一团主火炬中的火焰，在左右两边不同形态火苗的衬托下，恣情地燃烧着，灿烂、昂扬、代代不熄。

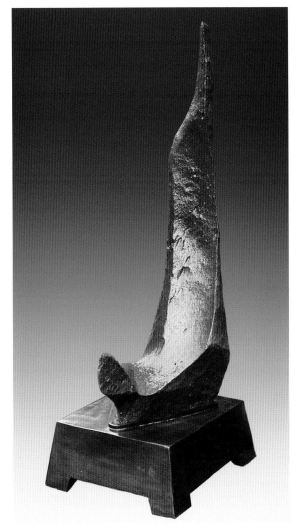

图39　《炫》　新疆泥石　15cm×13cm×39cm　吕耀文 藏

　　泥石，其产地主要集中在新疆哈密市区以南90多公里的南湖戈壁深处，现哈若公路的西面。其种类主要有熟泥石和生泥石，前者细腻，石色纯正；后者质地较粗、含有杂质。其石色有棕色、绿色、黄色、羊肝色、黑色和杂色等。属于沉积岩的泥岩或泥沙岩，摩氏硬度6—7。该款奇石，其形状若凤，形态夸张，形象简练而大气，富有现代气息。

图40 《富贵鸟》 新疆戈壁彩玉 18cm×8cm×15cm 吕耀文 藏

新疆戈壁彩玉，产地主要集中在新疆魔鬼城戈壁滩上，俗称"戈壁玉"，摩氏硬度为7以上，比和田玉还要硬。该彩玉形状像一只富贵鸟，形体丰满，悠闲地注视着什么。喜庆的红色羽毛完整地覆盖在它的头部与身体的上部，而头部棕色的圆点，仿佛是鸟的眼睛，鸟身体的下部，金黄与洁白的羽毛相得益彰。

图41　《无花果》　内蒙古红碧玉　32cm×15cm×31cm　庄福明　藏

　　内蒙古碧玉，其颜色主要有蓝绿、红、棕、橙、黄、绿、灰、黑等。它是一种由胶体二氧化硅冷凝成的碧玉，主要矿物成分由微晶或隐晶玉髓组成，其摩氏硬度为6.5—7，形状简单，多呈板块状。该奇石色彩艳丽，包浆浓郁，石形饱满而有变化，石顶部仿佛嵌入一枚无花果，果形逼真而圆润。著名赏石家薛胜奎赋诗赞曰："是否填沧海，缘何又补天。玲珑呈五色，完璞尽自然。"

图42 《千山万水》 风棱石 23cm×16cm×15cm 宋长生 藏

　　风棱石是我国西北地区（内蒙、新疆等地）特有的奇石品种。沙丘中的石块由于被风吹沙磨，面与面之间各有尖锐的棱角，因此，人们称之为风棱石。其大小不等，小者如豆，大者似拳，更大的比较稀少。风棱石颜色五彩缤纷，有乳白、粉红、淡黄、漆黑等。质地可以是玛瑙、玉髓、蛋白石、碧玉、石英、水晶等矿物，也可以是坚硬耐磨的岩石等。大多数风棱石外形像橄榄核，两头坚而不锐，表面光滑，美丽而多姿。风棱石具有质地细腻、坚硬耐磨、造型生动、花纹奇特、色彩多样、玲珑剔透等特点。

　　该款风棱石形状如山峰，千变万化，鬼斧神工。若将之置于案头或博古架中，相信其观赏价值能够得到充分体现。

图43　《佛》　沙漠漆　19cm×16cm×9cm　吕耀文 藏

　　沙漠漆，又称沙漠漆石。王实先生在《中国观赏石大全》中说："戈壁地区的浅层地下水，都是碱性的，pH值在8.5以上，矿化度甚高，甚至饱和，味道苦涩而浓咸，有润滑感。这些地区又极其干旱，年降雨量为38mm，蒸发量却是降水量的百倍以上。地下水通过毛细作用被蒸发上来，便在石头的着地面结成水珠，由于它含铁锰等染色离子，久而久之石面被染色，经风沙研磨后光亮如漆，故被称为沙漠漆。"

　　沙漠漆主要有板岩、灰岩、花岗岩、火山岩、玛瑙、碧玉、蛋白石等。沙漠漆属于戈壁石的一种，以造型生动者为佳。宋代杜绾在《云林石谱》中对沙漠漆已有记述。继葡萄玛瑙后，戈壁石中的沙漠漆，已受到国际赏石界的公认和推崇，升值潜力巨大。

　　该块沙漠漆的形态奇特，是山化作佛，还是佛化作山？

图44　《玄凤鹦鹉》　沙漠漆　7cm×8cm×14cm　吕耀文　藏

　　该沙漠漆有四奇：一是石的整体形状很像鹦鹉，眼、嘴、尾、爪子、身体等都很逼真；二是石的形体大小与鸟差不多，可以拿在手里把玩、鉴赏；三是石像鸟嘴的那部位为象牙白色，头为淡黄色，脚为肉粉色，与玄凤鹦鹉颜色相同；四是该奇石呈现玄凤鹦鹉的神态，显得霸气十足。

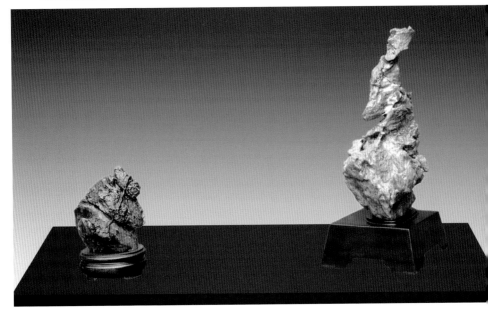

图45 《灰姑娘的故事》 戈壁风棱石、沙漠漆 26cm×9cm 吕耀文 藏

　　该奇石小品组合,演绎的是一个人们非常熟悉的故事。表现故事主角之一的沙漠漆的形状、色泽、神态等,都具有现实生活中的那类人的典型特征:身体矮小但尊贵,相貌丑陋但富有,言语不多但态度谦卑。表现故事主角之二的风棱石的形状、色泽、神态等,更能够体现现实生活中的灰姑娘形象:没有钱,所以打扮不够鲜亮;被尊贵的人追求,所以心里窃喜而表面倨傲;身材美丽苗条,所以不甘于现状,桀骜不驯。

　　该小品组合的特点:两种石色,寓意贫富。高矮悬殊,寓意相貌迥异,更是产生吸引力的源泉。简单的组合,诠释了经典的寓言。

图46　《参天》　云南黄龙玉　9cm×13cm×12cm　吕耀文　藏

　　黄龙玉，又称龙黄石。主要产自云南省保山市龙陵县小黑山自然保护区的龙江边。其主色调为黄色，兼有羊脂白、青白、红、黑、灰、绿等色。主要成分二氧化硅，摩氏硬度6.5—7。

　　该块黄龙玉的天然形状似一位禅者，其头像、面部和袈裟的纹理等都很逼真、清晰，栩栩如生。

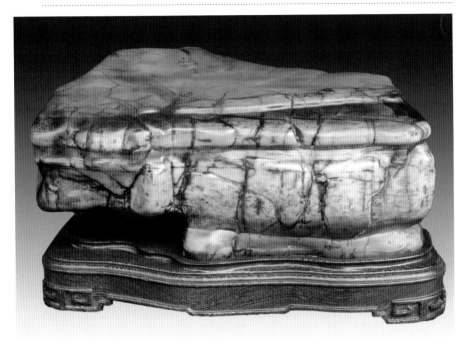

图47　《燕台》　大化石　33cm×19cm×22cm　徐有龙 藏

大化石，又称大化彩玉石。属海洋沉积硅质岩，其主要特点：一是石质结构紧密，摩氏硬度约5—7。二是石形多见嵩岳、云岗之景，或璋台、仙境之貌。三是色彩艳丽古朴，呈金黄、褐黄、棕红、深棕、古铜、翠绿、黄绿、灰绿、陶白等。四是石肤温润如脂，水洗度好，富有光泽，层理变化有序，色韵自然，纹理清晰而具有韵味，令人有温馨之感。

黄卫平先生在《天之骄子——柳州奇石》的解说词中说："假如能够以'绝色佳人'来形容一种奇石，那一定就是'大化彩玉石'。"

该块大化石的顶部是一平台，左部下空，形状奇特。而它金黄的色泽、醇厚的包浆等，令人爱不释手。

图48 《远望》 来宾卷纹石 12cm×15cm×9cm 吕耀文 藏

　　该款来宾卷纹石,取名《远望》。其整体形状像一只金蟾,浑圆饱满。奇特的是,它的五圈若隐若现的圆形卷纹仿佛是金蟾的眼睛。当然,该块奇石还有另外三种放置和观赏方法:一是如果将该奇石立起来时,它的形状好像一只鹦鹉。二是平放时,它仿佛是一座山峰。三是如果将该奇石的背面立起来,它又像是一位外星人。

图49 《儒》 来宾卷纹石 13cm×15cm×9cm 张龙彪 藏

　　来宾卷纹石，产于广西红水河来宾县河段，属于成岩水冲石，石色多为铁黑色。有平纹、凹纹、凸纹、叠纹等，纹理苍劲有力，呈不规则状，有很强的扩张蔓延之感，极具美感。

　　该款来宾卷纹石整体形状像是一位诲人不倦的儒者，硕大的脑门、和蔼的眉目。但随着岁月的流逝，他脸部的其他部位，比如鼻、嘴、下巴等都模糊了，唯有其身体，幻化为山，千秋万代不变。

图50 《一线潮》 缅甸硅化木 120cm×25cm×22cm 方乐胜 藏

　　缅甸硅化木,又称树化玉。其产地主要集中在缅甸曼德勒省、是节省和马圭省。其形状远看像木,近看是石,仔细看又不似石(因有树皮、木纹、树疙瘩、虫眼等)。硅化木的质地,以细腻接近玉化或者玛瑙化为好,色泽以鲜艳为佳。

　　在摆放这类硅化木时,主人当然要根据空间的大小。在一般情况下,长度或高度在150cm左右的硅化木,适合摆放在客厅里,既镇宅、驱邪,又具有较高的收藏价值。而50cm左右的硅化木,适合摆放在书房、卧室里。

　　该块硅化木,体量大、硅化程度高。它造型奇特,仿佛"一线潮"。"雾蒙蒙的江面出现一条白线,迅速西移,犹如'素练横江,漫漫平沙起白虹'。再近,白线变成了一堵水墙,逐渐升高,'欲识潮头高几许,越山横在浪花中'。随着一堵白墙的迅速向前推移,涌潮来到眼前,有万马奔腾之势,雷霆万钧之力,锐不可当。"观赏完毕后,耳边似乎仍有轰隆隆的巨响,犹如擂起的万面战鼓。

图51 《秦皇》 缅甸硅化木 16cm×9cm×16cm 吕耀文 藏

简单的一段"木头"造型，其"枝丫"部位仿佛是一个人的头部，其回旋的木纹则好像是他的鼻子与眼睛。其横着的"木块"，又好像是这个人的身体。当然，经过亿万年的侵蚀，它只不过是一个模糊的形象而已。

图52 《隶书"止"》 黄河石 18cm×11cm×29cm 蒋怀强 藏

　　该款黄河奇石上面的图案仿佛是汉字隶书体的"止"字,用浓墨一挥而就,显得气象万千。观赏者若结合《止学》里"大智知止,小智惟谋"、"圣人不患智寡,患德有失焉"等思想来观赏该奇石,则身心可受到熏陶。

图53　《蝶变图》　长江石　33cm×16cm×29cm　吕耀文　藏

长江石，多以精美德图案为欣赏重点。其特点：一是皮老、质坚，水洗度好，把玩手感极佳。二是图案自然天成，传递出一种中国传统水墨画的韵味。三是图案的表现形式非常丰富，表现力强。

在清洗长江石时，不能采取磨的方法。正确的做法是，把石头放在水盆中，用一块比拳头略小的卵石轻轻敲击积砂，然后用洗衣粉在石头表面搓洗一遍即可。当然，污染严重的长江图案石，可以将之放在水中浸泡几天甚至更长时间，或者放入有草酸的酸水中漂洗。

该款长江石有两个不同的图案，仿佛在述说着化蛹为蝶的过程。

图54 《甲骨文》 冰花石 22cm×11cm×20cm 吕耀文 藏

　　该款冰花奇石其底色墨绿色，图案则呈黄白色，对比中有调和，单纯中有变化，浅淡而有厚意。远观若漫天冰花坠落，近看如通篇甲骨文，令人兴趣盎然。

图55　《龙凤呈祥》　三江金纹石　23cm×15cm×9cm　吕耀文 藏

　　三江金纹石,其主要产地在广西柳州市三江县境内的融江河段。其特点是:外形多呈卵状,表面润泽光滑。石呈黑色,而构成图案的纹多是金黄色的。石质坚硬致密,摩氏硬度达到7。

　　该款金纹石的图案,可解读为"龙凤呈祥":左边的凤的形象很逼真,而右边龙的形象则很抽象,呈半圆形,恰似红山出土文物玉龙的形状。

图56 《神猴出世》 三江金纹石 16cm×8cm×21cm 吕耀文 藏

　　该块三江金纹石的形状很普通，呈椭圆形。但它的中下部位，有一块金色所形成的图案则是特别奇特，仿佛是刚从石头里蹦出来的神猴。圆圆的眼睛，充满好奇与愤怒；极富特色的金色猴毛，根根直立；夸张的尾巴，抛物线般特有动感。

图57　《行书"业"》　三江金纹石　20cm×18cm×28cm　王雁鸿 藏

　　该款三江金纹奇石的形状很普通，但它上面的金纹所构成的图案则是很奇特，仿佛行书的"业"字，意味深长。

图58 《道》 乌江石 22cm×9cm×22cm 吕耀文 藏

　　乌江石，系寒武纪石灰岩，质地坚硬，成形难度较大。一般以图纹石为多，构成图案天然成趣。颜色以黑白为主，红、黄、绿等色少见。

　　该块乌江石，其正面的最外边缘部位，粗细不一，呈现绿色。其里面的类圆形则呈现黑色，而黑色下部的白色部分，有图案似人形。脸是昂起的侧面，眼睛、胡须、嘴等部位都较清晰。从图案中还可以清楚地看到他戴着帽子，身体粗壮而矮小，神态乐观、豁达。

图59 《双清图》 梅花玉 17cm×15cm×27cm 孙福华 藏

　　该块梅花玉奇石的形状、图案皆天然而成。其左边似有一枝梅花，枝干曲折傲然而上，直达顶部，而右边的一枝梅花则若隐若现，构图显得有虚有实。题名《双清图》，发人深思。

图60 《一树梅花一放翁》 梅花玉 20cm×13cm×23cm 王雁鸿 藏

该梅花玉奇石在墨绿色的基体上，淡豆绿色的粗细不一的线条所构成的图案具有不同的意向。既像青春焕发的一树梅花，又像草书的"画"字。

后　记

在这个世俗化、功利化的时代，您能够耐下心来阅读《石道——奇石形式的创建与解析》，这是我莫大的荣幸！

对于作者来说，这部书的出版犹如呱呱坠地的婴儿，其欣喜之情真是难以用言语来表达的。因此，在她即将出版的时候，笔者特别感谢以下几位：上海大学出版社艺术图书编辑部主任柯国富、《赏石》主编黄卫平、古石鉴赏家王贵生、中国石文化理论的开拓者徐忠根、著名赏石家薛胜奎以及我的父母。柯国富先生以及出版社的其他诸位编辑先生在阅读完本书的初稿后提出了许多宝贵的建议，特别是在本书的知识性、趣味性与可操作性等诸多方面提出了很多具体的建议，笔者在此表示感谢。

笔者于2005年撰写第一篇鉴赏《女王》奇石的一小段文字，发表在徐忠根先生主编的《中华石文化》杂志上，看到杂志时的喜悦心情现在还真切地感觉得到。徐先生虽然是中国赏石大家，但特别谦虚，为了撰写本书的序曾多次征询笔者的意见，这让笔者深受教益。笔者随后撰写的《灵璧奇石天然与否的鉴别》一文于2006年发表在黄卫平先生主编的《赏石》杂志上，笔者当时看到自己这么长的文章变成了印刷字，欣喜与感激之情难以言表。当年，黄先生又邀请笔者参加广西柳州的国际石展，后尽管没去，但心里很是感激。这次笔者邀请黄先生为本书写序，黄先生尽管特别忙（一是这月柳州市赏石协会要开换届会，黄先生需要准备会议材料；二是赏石市场因市规划马上面临搬迁问题，黄先生需要找新市场建设用地、写报告等；三是今年恰值柳州国际奇石节，局里向黄先生催要方案，而且黄先生还要编撰名石大典四卷，等等)但是，他把写这个序当作一件要事时刻挂在心里，他的序言写得情真意切，真让笔者感到无以回报。王贵生先生是国内屈指可数的古石鉴赏专家，经常介绍石友给我，也不遗余力地把我介绍给国内赏石界的一些著名人士。王老自己的学术活动很多，时间很宝贵，但是，王老为了这部书的出版来回奔波，并欣然为之作序，笔者深受鼓舞。笔者虽然没有拜王老为师，但是在心里，王老就是笔者崇敬的老师。薛胜奎先生虽然与笔者是同龄中人，但是论在赏石界的名气、赏石的理论水平等，笔者都是望尘莫及的。薛先生这次为本书作序，既为本书增色，又加深了彼此的手足之情。我的父母，都是年迈之人，但为了我的家、我的孩子操碎了心。我因愚笨，不能为二老提供很好的物质条件，但二老，特别是我的母亲还是鼓励我出版这本书，没有二老的帮助，这部书的文字是无论如何也无法完成的。以上恩人，我将永远铭记在心!

同时，笔者要感谢所有厚爱"大吕石馆"奇石的石友，其中：沈飞先生、倪强先生、徐有龙先生、孙福华先生、金龙冠先生、上海商贸学校的领导、沈叶凤女士、杨荣本先生、许春海先生、张龙彪先生、冯娟女士、黄爱民女士、陆军先生、张和平先生、张炜先生等，他们不仅给予笔者很大的帮助，更重要的是，他们的支持是笔者研究、探索"石道"的不竭动力。

很荣幸，笔者近几年来能够与国内、国际的很多石友结成了石缘，比如著名赏石家李清斋先生、贾精一先生、谢礼波先生、温庆博先生、李晓坤先生、王实先生、骆荣先生、梁永德先生、黄大林先生、卢而庄先生、孔雪飞先生、盛建跃先生、梁光金先生、马加南先生、俞莹先生、宁卫东先生、谢有怀先生等。更荣幸的是，笔者还能够与上海市浦东新区的"赏石沙龙"成员林志文先生、金建华先生、魏根生先生、陈根林先生、方乐胜先生、董兆强先生等相识、结缘。这些石友渊博的石文化知识、观点和方法等使笔者受益匪浅，他们研究多年的赏石心得也启发、开拓了笔者的赏石思路，笔者在此表示衷心感谢！

最后，笔者要感谢所有帮助过本人赏石理念形成的人们。笔者尽管与这些人素不相识，但是他们文章中的思想、观点和方法等对笔者研究"石道"来说是至关重要的。比如，胡塞尔、苏珊•朗格、海德格尔、笛卡尔、康德、王朝闻、刘成记、王旭晓、高新民等先生，笔者在此向他们表示敬意！摄影师汪善良先生用他高超的摄影艺术，为本书的这些天然艺术品——奇石留下了倩影，笔者在此一并表示感谢。

当然，在人类利用自然科学高歌猛进并不断取得的丰硕成果面前，当代石文化的研究成果显得微不足道。但是，令人鼓舞的是，当代的赏石人群在不断地扩大，基础厚实；当代石文化研究的领域在不断地拓展，新玩法、新观点层出不穷；众多的玩石者开始订阅赏石类报刊，吸收石文化的营养。因此，在这样浓厚的石文化氛围中，《石道——奇石形式的创建与解析》得以采用全新的视野来建构奇石形式并解析它。

笔者衷心地希望，您在阅读完本书之后，能够撩开奇石那被遮蔽了亿万年的神秘面纱，听到它深情的召唤：直觉我的天然形式，就是在欣赏美！发现我，就是在发现自己、创造自己！

吕耀文

2013年2月于上海浦东